现代河漫滩沉积特征与环境意义：以长江下游为例

张凌华　著

科学出版社
北京

内 容 简 介

稳定的河漫滩沉积中含有丰富的流域洪水事件和环境污染信息，为开展河漫滩环境沉积学的研究奠定了良好的基础。长江南京—镇江段地处长江下游，沿岸发育了较大面积的河漫滩。本书所记录的研究在长江南京段采集了3个现代河漫滩沉积岩心，在镇江段采集了2个现代河漫滩沉积岩心，综合运用地貌与沉积学的调查和方法，结合实验室^{137}Cs测年、粒度、磁化率、地球化学分析，系统分析长江下游感潮河段现代河漫滩沉积特征与环境意义，探讨河漫滩沉积记录的洪水事件，评价现代河漫滩沉积环境质量并重建长江南京段河漫滩沉积记录的重金属污染历史。研究发现，长江下游南京—镇江段现代河漫滩沉积物以粗细交替的含砂或者黏土的粉砂沉积为主，局部有薄砂层或者粒度较粗的层位，对应流域大洪水事件的沉积。长江下游地区的污染历史具有阶段性特征，沉积物中虽然存在部分元素的富集，但重金属污染并不严重，这与长江特定的沉积环境有关。

本书可供地貌学、沉积学、水文学、河流动力学、河床演变学、水利水电等专业本科生及研究生使用。

图书在版编目(CIP)数据

现代河漫滩沉积特征与环境意义：以长江下游为例/张凌华著．—北京：科学出版社，2021.10

ISBN 978-7-03-070016-2

Ⅰ.①现… Ⅱ.①张… Ⅲ.①长江-下游-河漫滩-沉积学-研究
Ⅳ.①P942.77

中国版本图书馆CIP数据核字（2021）第205261号

责任编辑：李晓娟 / 责任校对：樊雅琼
责任印制：吴兆东 / 封面设计：无极书装

科学出版社 出版
北京东黄城根北街16号
邮政编码：100717
http://www.sciencep.com

北京虎彩文化传播有限公司 印刷
科学出版社发行 各地新华书店经销

*

2021年10月第 一 版 开本：720×1000 1/16
2021年10月第一次印刷 印张：10 1/4
字数：210 000

定价：128.00元

（如有印装质量问题，我社负责调换）

前　　言

气候变化是全球最大的环境问题之一，近百年来全球气温正经历着以变暖为主要特征的显著变化。未来 50 ~ 100 年全球气候仍将继续向变暖的方向发展，随着全球气温的增高，水循环加快，蒸发和降水增强，地表径流、旱涝灾害频率等发生变化，对人类生存环境的负面影响已经相当明显。与此同时，自从人类步入工业化社会以来，人类活动对自然环境的影响日益明显，大量的污染物质进入自然系统并不断突破自然生态系统的自然净化能力，致使自然环境中的污染问题越来越突出，成为影响人类自身生存和制约经济社会可持续发展的重要障碍。面对环境恶化及全球变化等重大问题，地学研究向多学科交叉渗透、在更高层面开展集成研究和模拟研究成为学科发展的趋势。在此背景下，作为沉积学和环境科学之间交叉学科的环境沉积学受到国际国内学术界的重视，尤其是 21 世纪以来，环境沉积学作为一个新兴学科的呼声日渐高涨。河流流域系统中洪水影响下的沉积物侵蚀、搬运、堆积等过程是地貌学的研究内容，与洪水相关的河漫滩沉积也是环境沉积学关注的研究对象。河漫滩是重要的河流地貌类型和沉积单元，作为洪水漫滩沉积，河漫滩沉积记录了流域洪水事件的发生，保存良好的河漫滩沉积是流域洪水事件的重要档案库。探讨人类活动强烈影响下的河流平原区污染物质的沉积、迁移、转化等规律也是环境沉积学的重要研究内容。受人类活动的影响，大量有毒有害的重金属元素通过各种途径进入人类生存的环境中，当污染物含量超过环境介质所能容纳的限量时，便会造成污染，影响环境质量。在河流系统中，进入水体的重金属被沉积物或悬浮物吸附、聚集，在洪水期间被漫滩洪水挟带出河道并沉积在河漫滩上，成为洪水漫滩时期河流重金属污染的地质记录。不断加积增高且保存良好的河漫滩沉积较好地记录了历次漫滩洪水时期的河流重金属污染状况，成为了解流域重金属污染历史的重要地质证据。

长江是我国第一大河，长江流域是我国洪涝灾害最为严重的地区，洪水频率高、规模大。长江沿岸地区，特别是长江中下游干流沿江地区是我国经济发展最快和城市化水平最高的地区之一。近年来，随着沿岸农业化、工业化和城镇化进程的持续推进，大量重金属随工农业生产污水和生活污水进入长江。长江南京—镇江段位于长江下游地区，具有水沙输移量大、河床比降小、江面宽等特点，形成较大面积的河漫滩。一些稳定的河漫滩连续接受沉积，包含了丰富的流域洪水事件和环境污染过程的信息，为开展河漫滩环境沉积学的研究奠定了很好的基础。本书所记录的研究在长江南京段采集 NB1 孔、NB2 孔（露头剖面）和 GB88 孔 3 个现代河漫滩沉积岩心，在镇江段采集 ZR99 孔和 ZH51 孔 2 个现代河漫滩沉积岩心，综合运用地貌与沉积学的调查和方法，结合实验室 ^{137}Cs 测年、粒度、磁化率、地球化学分析结果，系统分析长江下游感潮河段现代河漫滩沉积特征与环境意义，探讨河漫滩沉积记录的洪水事件，评价现代河漫滩沉积环境质量并重建长江南京段河漫滩沉积记录的重金属污染历史，具有重要科学意义。本研究的开展也有助于理解河岸侵蚀和沉积特征的关系，认识侵蚀发生的机理和过程，服务于长江河道的灾害防御，具有重要现实意义。

张凌华
2021 年 9 月

目　　录

第1章　绪　论

1.1　研究背景与选题意义

人类正面临着一系列前所未有的全球性环境问题，全球环境变化已成为当前及未来科学研究的热点（中国科学院地学部地球科学发展战略研究组，2009）。气候变化是全球最大的环境问题之一，近百年来全球气温正经历着以变暖为主要特征的显著变化。政府间气候变化专门委员会（Intergovernmental Panel on Climate Change，IPCC）第五次报告表明，1880～2012年，全球海陆表面平均温度上升了0.85℃，而20世纪50年代以来的气候系统变化更为明显，是过去几十年甚至几千年以来史无前例的，其中1983～2012年比之前几十年都要热，每年的地表温度均高于1850年以来的任何时期，全球气候的不稳定性和严重的洪涝灾害、异常的干旱灾害在加剧。未来50～100年全球气候仍将继续向变暖的方向发展，随着全球气温的增高，水循环加快，蒸发和降水增强，地表径流、旱涝灾害频率等发生变化，对人类生存环境的负面影响已经相当明显（姜彤和施雅风，2003；秦大河等，2005）。与此同时，自人类步入工业化社会以来，人类活动对自然环境的影响日益明显，大量的污染物进入自然生态系统并不断突破自然生态系统的自然净化能力，致使自然环境中的污染问题越来越突出，成为影响人类自身生存和制约经济社会可持续发展的重要障碍。

面对环境恶化及全球环境变化等重大问题，国际地圈生物圈计划（International Geosphere-Biosphere Programme，IGBP）和全球环境变化的人文因素计划（International Human Dimension Programme on Global

Environmental Change，IHDP）等重大国际计划相继提出与实施，与全球环境变化问题相关的研究一直是学术界的热点，在这样的背景下，地学研究向多学科交叉渗透、在更高层面开展集成研究和模拟研究成为学科发展的趋势。作为沉积学和环境科学之间的交叉学科，环境沉积学（environmental sedimentology）在其形成之初便受到了学界的重视（Brakenridge，1992）：1994 年和 1998 年，在巴西召开的第十四届和第十五届国际沉积学大会上，环境沉积学都被单列为一个讨论会的主题（李任伟，1998）。环境沉积学的研究对象是沉积环境以及沉积循环过程与人类活动的关系，研究内容既包括环境中的沉积学问题，如自然灾害发生过程中的沉积物侵蚀、搬运、沉积及其沉积产物等，又包括沉积学中的环境问题，如污染物质在沉积循环过程中的沉积、迁移、转化等规律以及沉积记录中全球环境变化、高精度的环境污染等信息的提取；其研究目的在于减轻和预防自然灾害，协助多学科认识环境污染的过程和机理，为生态环境保护、缓解环境恶化以及实现人与自然协调和可持续发展提供支撑（鲜本忠和姜在兴，2005）。在国内，环境沉积学的研究开始受到越来越多的关注（覃建雄等，1995；李任伟，1998；郑秀娟等，2003；鲜本忠和姜在兴，2005），尤其是 21 世纪以来，环境沉积学作为一个新兴学科的呼声日渐高涨。

洪水是常见的自然灾害，是暴雨、急剧融冰化雪、风暴潮等自然因素引起的河流、海洋、湖泊等水体上涨超过一定水位，威胁地区安全甚至造成灾害的自然过程。河流流域系统中洪水影响下的沉积物侵蚀、搬运、堆积等过程是地貌学的研究内容，与洪水相关的河漫滩沉积也是环境沉积学关注的研究对象。河漫滩是指洪水泛滥在河岸以外形成的以垂向加积为主的细粒沉积物，亦称泛滥平原（floodplain），是重要的河流地貌类型和沉积单元。作为洪水漫滩沉积，河漫滩沉积记录了流域洪水事件的发生，是流域洪水事件的重要档案库。在沉积地质学领域，包括河漫滩在内的河流沉积相的研究有很长的历史，与河漫滩沉积相关的环境研究是古洪水研究。1954 年 Leopold 和 Miller 在怀俄明州东部河流河漫滩沉积研究中强调了洪水与河漫滩沉积的关系，之后，关注河漫滩沉积与古洪水的研究日益增多，与之相关的古洪水水文学在20世纪70～80年代初步形成，主要依据河漫滩沉积记录对最近、过去或史前洪水的流量和频率进行重建，可延伸河流洪水历史到百年乃至千年尺度（Baker，2008），对流域洪水灾害的预测和防灾减灾具有重要作用。

探讨人类活动强烈影响下的河流平原区污染物质的沉积、迁移、转化等规律也是环境沉积学的重要研究内容。受人类活动的影响，大量有毒有害的重金属元素、放射性核素、有机农药和化合物等通过各种途径进入人类生存的环境中，当污染物含量超过环境介质所能容纳的限量时，便会造成污染，影响环境质量。与其他污染物不同，重金属难以降解，环境一旦受到重金属污染就很难清除和恢复原状，而过高的重金属浓度对水体和动植物均具有显著影响，且可以通过食物链的逐级传递危及人类健康，世界八大公害事件中的水俣病事件和骨痛病事件就是由重金属污染引起的。在河流系统中，进入水体的重金属被沉积物或悬浮物吸附、聚集（陈静生，1983），在洪水期间被漫滩洪水挟带出河道并沉积在河漫滩上，成为洪水漫滩时期河流重金属污染的地质记录（Zerling et al.，2006）。不断加积增高且保存良好的河漫滩沉积较好地记录了历次漫滩洪水时期的河流重金属污染状况，成为了解流域重金属污染历史的重要地质证据（Meybeck et al.，2007；Le Cloarec et al.，2011）。

长江是我国第一大河，长江流域是我国洪涝灾害最为严重的地区，洪水频率高、规模大。长江中下游地区在20世纪90年代已呈现出明显增温趋势，达到0.2～0.8℃，最大增温区在长江三角洲地区，由于气温增高，水循环加快，蒸发和降水增强，降水在长江流域中下游地区明显增加，增加值为5%～20%，使得90年代成为继50年代后，长江流域性洪水灾害高发的10年（姜彤和施雅风，2003）。

长江沿岸地区，特别是长江中下游干流沿江地区是我国经济发展最快和城市化水平最高的地区之一，表现在沿岸城市众多，人口密集，工矿企业云集。近年来，随着沿岸农业化、工业化和城镇化进程的持续推进，大量重金属随工农业生产污水和生活污水进入长江（王亚平等，2012）。长江南京—镇江段位于长江下游地区，具有水沙输移量大、河床比降小、江面宽等特点，同时长江南京—镇江段也为感潮河段，水流受潮水顶托影响（芮孝芳，1996），在潮水顶托作用下河床和河漫滩淤积过程加强（何华春等，2004；张增发等，2011），镇江段形成较大面积的河漫滩。一些稳定的河漫滩连续接受沉积，包含了丰富的流域洪水事件和环境污染过程的信息，为开展河漫滩环境沉积学研究奠定了很好的基础。总之，长江南京—镇江段河漫滩发育、流域人类活动强烈，选择南京—镇江段相对稳定的现代河漫滩沉积作为研究对象，利用环境沉积学的研究方法和手段，在精确定年的基础上，研究河漫滩沉积记录的洪水事件和污染过程，具有重要的科学意义。

此外，长江下游河床的稳定性和河岸防护形势依然严峻，由于河床深切、水流复杂，河床的冲淤变化相当明显。南京—镇江段位于经济发达的长江三角洲地区，沿岸有许多重要港口、工业产业带和城市用地，江岸侵蚀和防护压力巨大。以南京段为例，2003～2007 年，南京段投入 4.4 亿元用于维护河道稳定和岸坡防护（黄贤金等，2012）。因此，开展河漫滩环境沉积学研究，有助于理解河岸侵蚀和沉积特征的关系，认识侵蚀发生的机理和过程，服务于长江河道的灾害防御，具有重要的现实意义。

1.2 国内外研究进展

1.2.1 河漫滩沉积特征

(1) 河漫滩沉积类型的多样性

河漫滩沉积在地表分布广泛，其形成时的沉积动力和沉积环境、地理位置、人类活动和气候条件等均可以影响河漫滩沉积的沉积特征，因此河漫滩沉积类型具有多样性。一些大河流域上、中、下游的河漫滩，在其沉积物来源、地球化学性质和机械组成等方面都存在差异；受构造、气候等因素引起的河流侵蚀的影响，一些河流谷地形成了保留在河谷中的河流阶地，构成阶地的沉积物记录了更早年代的河漫滩沉积，一些极端的洪水事件可淹没阶地，在其上形成年轻的洪水期沉积（相当于河漫滩沉积）。

现代河漫滩沉积形成的时间尺度为 $10^0 \sim 10^2$ 年，一般分布于靠近河道的河谷谷底，在洪水期间常被洪水淹没，由于洪水带来沉积物的沉积作用，河漫滩地形垂向加积增高，可以形成相对连续的河漫滩沉积记录。普拉特（Platte）河是美国密西西比河上游支流，其上一个厚约 350 cm 的现代河漫滩沉积记录了自欧洲人定居美洲以来（约 1830 年）流域相对连续的环境变化，其中包含了 14 次大洪水和至少 3 个时期的人类采矿活动的沉积记录（Knox and Daniels，2002）。

西班牙中部塔古斯（Tagus）河的中游发育了三级阶地，这三级阶地分别高出河床 17 m、12 m 和 10 m，分别保存了众多的洪水沉积单元，其中三级阶地多达 31 个（Benito et al.，2003a）。黄河中游的沁河低阶地上保留了一个 8 cm 厚的河漫滩平流沉积，下伏厚度为 1.3 m 的河道沉积物，上覆厚度为 0.43 m 的坡积沉积层，该河漫滩沉积层指示了距今（6183±328）年的古洪水事件（Yang et al.，2000）。黄河从官亭盆地进入寺沟峡的二级阶地面上保存了一套厚约 2 m 的河漫滩沉积，记录了发生在 3700 ~ 2800 年的 14 次特大洪水（杨晓燕等，2005）。在黄河流域关中盆地，漆水河及其支流漳河的河谷发育有 15 ~ 20 m 的不连续阶地，阶地上的浒西庄剖面可以识别两套古洪水沉积，这两套古洪水沉积可以详细划分为 5 个层组，其中有 4 个层组洪水沉积形成于距今 4300 ~ 4000 年，1 个层组形成于距今 3100 ~ 3010 年，每个层组可以划分若干个洪水沉积单元（黄春长等，2011）。除阶地外，河谷谷坡上的凹壁、缝隙、洞穴等位置也是河漫滩沉积形成和保存的重要区域。在西班牙略夫雷加特（Llobregat）河的 8 个基岩凹壁中，保存了 56 个洪水沉积单元，其中年代最久的洪水沉积单元形成于距今约 2600 年（Thorndycraft et al.，2004）。在法国南部的阿尔代什（Ardèche）河基岩峡谷段发育有许多洞穴和凹壁，有研究发现，在高出正常水位16.5 m的一个凹壁中保存了9个洪水沉积单元，其中距今年代最久的洪水沉积单元形成于(700±80）年前（Sheffer et al., 2003）。重庆忠县干井河下游中坝遗址T0102探方剖面包含了从新石器时代到近现代长达5000年之久的几乎完整无缺的文化层，各文化层之间保存了新石器时代、夏代、西周时期、战国早期、宋代中期和清代六个古洪水层（朱诚等，2005）。

上述河漫滩沉积类型具有多样性，河流中上游的河漫滩在极端洪水事件中多伴随有粗颗粒砾石沉积，粗细交替的洪水沉积单元记录了多次洪水事件，河漫滩沉积分布在河谷中易于保存的地貌位置，已有的研究多集中在河谷地形中较高地貌部位保存的河漫滩沉积，但对河流下游泛滥平原的河漫滩沉积和古洪水研究相对较少。

（2）河漫滩沉积的结构特征

河漫滩沉积主要以洪水期粗细颗粒交替的沉积物为特点，其中较细颗粒的砂、粉砂和黏土堆积十分常见。河谷地貌单元内部的局地尺度的水动力特征不同，造成河漫滩沉积粒度特征亦不相同，对江汉下游仙桃河段河漫滩进行的粒度分析发现，高河漫滩的粒径相对偏细，粉砂级组分为49.56%，黏土含量约为4.87%；低河漫滩的粒径相对偏粗，砂级组分为82.96%（李长安等，2009）。在美国密西西比河谷上游流域的支流，洪水动力较强，洪水挟带至河漫滩上的沉积物往往较粗大，卵砾石、巨砾等是常见的洪水漫滩沉积物（Knox and Daniels, 2002）。西班牙Llobregat河莫尼斯特罗尔（Monistrol）附近高出河床15.5 m的古洪水沉积的主要组分为砂质粉砂，粉砂含量达59.2%，黏土含量为12.5%（Thorndycraft et al., 2005）。河流比降、流水挟带沉积物在迁移过程中的磨损以及洪水规模带来的流水动力变化是影响河漫滩沉积物粒度特征的重要因素，由于同一河流上、中、下游的这些影响因素的特征具有差异性，形成的河漫滩沉积物粒度特征也各不相同。在南非的姆库泽（Mkuze）河，上游流域现代河漫滩沉积物颗粒总体较粗，主要由细砂和中砂组成，其含量为60%~70%；而在其下游地区，河漫滩沉积物颗粒变细，主要组分为粉砂，其含量约为90%（Humphries et al.，2010）。在单个洪水沉积单元内部，沉积物粒度特征具有差异性：一次洪水形成的沉积单元往往具有二元结构，沉积物由底部的砂质沉积逐渐演变为粉砂或砂质粉砂（Kale et al.，2000）。

（3）河漫滩沉积的构造特征

常见的河漫滩沉积构造特征为水平层理、波状层理和薄层理。水平层理构造通常是洪水在河漫滩上呈面状展开后的沉积物，有些水平层理构造的单层厚度可达几十厘米以上，有些水平层理构造的单层厚度以毫米计，后者通常是水流速度极为缓慢情况下的细小悬浮物质的沉积（詹道江和谢悦波，2001）。波状层理构造的层面凹凸起伏，从剖面上看呈波浪起伏状，这种构造主要是在洪水的前进运动或往复振荡运动中形成，前者形成不对称的波形，后者形成较对称的波形，一般而言，波状层理构造多形成在水深比较浅的滩面上（詹道江和谢悦波，2001）。在西班牙中部的塔古斯河，由于河漫滩上的水流比较平缓，砂粒不能越过波痕的波峰，在波痕的来水方向不断加积，波痕呈向上游方向移动的状态，形成向上游迁移的爬升波状层理（Benito et al.，2003a）。在西班牙西北部的Llobregat河，由于洪水流速的波动和高砂含量，部分爬升波痕的上部为同相位爬升波痕，下部为迁移型爬升波痕（Thorndycraft et al.，2004）。

除了这些常见的沉积构造外，不同地方的河漫滩沉积构造特征具有差异性。在长江三峡河段、黄河三门峡河段和许多山地丘陵河流的砾石滩表面，可以清晰地看到叠瓦状构造，这种构造主要表现为粗颗粒物质（如砾石）的长轴大多垂直于水流流动方向，而其扁平方向逆水流方向倾斜，形成粗颗粒物质保持稳定所需要的对水流的最小阻力，许多扁平面逆水流倾斜的粗颗粒相互之间就构成叠瓦状构造，成为判断洪水水流方向的重要标志（詹道江和谢悦波，2001）。在山区河流中，河漫滩沉积还具有特有的末端构造。这些河漫滩沉积位于缓倾斜台地上，受厚度不一造成的不等量压实作用和地形的影响，往往具有末端翘起并尖灭的特点，在黄河三门峡以下的河段调查中发现，翘起端延伸的水平距离为45～50 cm，末端翘起的高度为5～10 cm，与下伏缓倾斜平台的表面倾斜程度有关（杨达源和谢悦波，1997）。在河谷谷坡洞穴、凹壁中的河漫滩沉积主要发育平行层理，这些平行层理的发育与河漫滩沉积平坦的地形以及沉积时期未受到牵引流的影响有关（Thorndycraft et al.，2004）。某些厚层的河漫滩沉积单元内部没有明显的构造特征，指示洪水期间沉积物的快速沉积（Kale et al.，2000）。这种沉积在细颗粒的河漫滩中尤为明显，本书作者在南京附近长江河漫滩沉积野外调查中也发现类似的快速沉积泥层。

河漫滩沉积也有暴露成因构造、生物遗迹构造等，这些构造特征常常作为划分洪水沉积单元的重要标志。例如，在黄河上游阶地中一些河漫滩沉积单元层的顶面发育了雨痕构造（杨晓燕等，2005）。洪水过后，由于洪水沉积单元暴露在空气中，容易形成泥裂，如西班牙塔古斯河边滩沉积物表层发育有泥裂（Benito et al.，2003a）；我国关中盆地漆水河谷阶地河漫滩沉积层发育有典型的龟裂构造（黄春长等，2011）。本书作者近期在长江下游南京长江大桥下河漫滩沉积的调查中也发现河漫滩洪水沉积的表层发育有大量的泥裂构造。在洪水过后的洪水沉积表层往往也会形成由动物或植物活动造成的生物扰动痕迹（Thorndycraft et al.，2005）。有些河漫滩沉积也包含有燃烧痕迹（Sheffer et al.，2008），指示洪水沉积形成后的人类活动。

(4) 河漫滩沉积的其他沉积特征

河漫滩沉积的其他沉积特征包括沉积物的颜色和矿物组合等，其中颜色取决于沉积物的成分及其形成时的物理化学条件，是河漫滩沉积最醒目的标志之一。在长江中游的洪水沉积调查中发现，由于洪水期泥沙有机质含量较高，分布在岸边斜坡带的河漫滩沉积颜色一般较深，具有岸坡越缓、分布位置越高，沉积物颜色越深的特点（李长安和张玉芬，2004）。河漫滩沉积常被后期的非洪水沉积物掩埋，两者在颜色上往往具有明显的区别。例如，在西班牙Llobregat河的河漫滩沉积研究中发现，河岸凹壁上河漫滩沉积物和坡积物交替出现，由于坡积物颜色为微红，而河漫滩沉积物颜色为淡灰色，很容易将河漫滩沉积物与坡积物区分开来（Thorndycraft et al.，2005）。在黄河中游，洪水沉积物呈白色，而当地坡积物的颜色相对较深，两者颜色差异明显；而长江三峡三斗坪处的干流洪水沉积物的颜色偏深，呈褐红色，与当地浅黄色的坡积物形成鲜明对比（谢悦波和杨达源，1998）。

河漫滩沉积的矿物组合特征与沉积物来源区的母岩有关，同一河流中的河漫滩沉积物矿物组成具有一致性。西班牙 Llobregat 河中游，形成于不同位置的河漫滩沉积物组成基本一致，主要是包含云母和长石的碳酸盐与石英，重矿物组合主要由电气石、锆石和金红石组成。其他的矿物组合还包括十字石和石榴石，这些矿物组合特征指示沉积物来源于上游变质岩区（Thorndycraft et al.，2004）。不过，不同的流域和不同类型的河流的河漫滩沉积物矿物组合则有明显差别。由于沉积物来源不同，长江与黄河河漫滩沉积样品的成分及各成分含量存在明显差别，长江河漫滩沉积中的绿帘石、角闪石、榍石、磷灰石等矿物的含量是黄河的数倍，而黄河河漫滩沉积物中的石榴石等又是长江的数倍（谢悦波和杨达源，1998）。

1.2.2　河漫滩沉积多环境指标的应用和意义

（1）年代分析及其意义

年代分析是进行河漫滩沉积环境研究的基础性工作，目前常见的河漫滩沉积年代分析技术主要是放射性碳定年、光释光测年、放射性同位素^{137}Cs和^{210}Pb测年。

早期河漫滩沉积层的年代分析几乎完全依赖于传统的放射性碳定年法（^{14}C），其适用的最佳测量范围为 10 000 ~ 350 年 B. P.，不确定性范围为±（40 ~ 90）年（Baker et al.，2002）。在西班牙的塔古斯河，运用放射性碳定年法对流域的洪水沉积物进行年代测定，发现全新世以来的洪水主要集中在 6 个时期（Benito et al.，2003b）。为了解伊比利亚半岛长时间以来较为完整的洪水序列，Benito 等（2008）搜集了区域内大西洋流域和地中海流域 79 个河漫滩沉积的放射性碳年龄，分析表明，伊比利亚半岛全新世以来的洪水主要集中在 10 750 ~ 10 240 年 cal B. P. 、9550 ~ 9130 年 cal B. P. 、4820 ~ 4440 年 cal B. P. 、2865 ~ 2320 年 cal B. P. 、2000 ~ 1830 年 cal B. P. 、960 ~ 790 年 cal B. P. 和 520 ~ 290 年 cal B. P. 7 个时期。

近年来光释光测年法在河漫滩沉积研究中的应用比较广泛，高精度样品测年误差为 5%~ 10%（Thorndycraft et al.，2005）。印度塔尔沙漠地区运用光释光测年法对河漫滩沉积物进行了年代分析，发现其沉积年代为 190 ~ 990 年（Kale et al.，2000）。对黄河中游关中盆地漆水河谷地的浒西庄剖面中的两组洪水沉积物进行光释光测年，结果表明这两组洪水沉积物的形成年代分别为（4280±270）年 B. P. 和（4210±280）年 B. P.（Huang et al.，2011）。

自 Walling 和 He 运用 ^{137}Cs 和 ^{210}Pb 方法分别测定了位于英国多塞特（Dorset）郡的斯陶尔（Stour）河以及德文（Devon）郡的 Culm 河和 Exe 河河漫滩沉积速率后（Walling and He，1997；He and Walling，1997），这两种测年技术被广泛用于近几十年至百年的河漫滩沉积的研究中。在斐济 Wainimala 河，根据河漫滩沉积剖面出现的 ^{137}Cs 峰值分别确定了 1954 年和 1963 年的时标，并根据时标与深度的关系发现 1954 ~ 1963 年及 1963 年以后河漫滩的平均沉积速率均为 3. 2 cm/a 左右（Terry et al.，2002）。在英格兰特威德（Tweed）河中游，运用 ^{137}Cs 和 ^{210}Pb 建立了三个河漫滩沉积柱的年代序列并估算其沉积速率，各沉积柱指示 1963 年时标的 ^{137}Cs 浓度峰值分别出现在 7 ~ 8 cm、6 ~ 7 cm和 6 ~ 7 cm，根据年代–深度关系估算三个沉积柱 1963 ~ 1994/1995 年的沉积速率在（1. 9±0. 2）~（2. 2±0. 2）kg/（m^2 · a）；根据沉积柱中 ^{210}Pb 含量，运用 CIC 模型估算过去 100 年来三个河漫滩沉积柱的平均沉积速率在（2. 3±0. 6）~（4. 8±0. 9）kg/（m^2 · a）（Owens and Walling，2002）。在我国长江流域安徽段有学者也运用 ^{137}Cs 和 ^{210}Pb 建立了现代河漫滩沉积 1849 年以来的年代序列（赵传冬等，2008）。

河漫滩沉积物中保留的人类活动遗迹也是判断河漫滩沉积年代的重要因素。例如，在西班牙 Llobregat 河基岩河岸两侧的凹壁中保留多个洪水沉积单元，其中有两个洪水沉积单元夹杂着塑料，通过这些塑料标记的年代信息，判定这两个洪水沉积单元分别于1971年和1982年大洪水期间形成（Thorndycraft et al., 2005）。

（2）粒度分析及其环境意义

粒度分析是河漫滩沉积研究的重要方法。长江三峡库区中坝遗址沉积环境研究中为确定6个疑似洪水层是否为河漫滩沉积，将沉积层的粒度特征与1981年的现代洪水漫滩沉积层的粒度特征进行对比，发现这些洪水沉积层的平均粒径、分析特征、粒度组分、概率累积曲线等具有相似性，进而确定这6个疑似洪水层为古洪水沉积物（朱诚等，2005）。在河漫滩上，沉积物一般是洪水漫滩时形成的沉积。在降水丰富和河漫滩发育初期，河漫滩高程较低，几乎每年都可能为洪水淹没，形成相对连续的河漫滩沉积；在河漫滩发育的较晚时期，随着河漫滩的加积增高，即使在降水量丰富的地区，也只有较大规模洪水才能淹没河漫滩形成漫滩沉积，所以在河漫滩上形成的洪水沉积是不连续的（赵景波和王长燕，2009），特别是在河流阶地上，这种现象更加明显。在河漫滩沉积的间断期，可能会接受来自非洪水介质带来的沉积（如黄土沉积、坡积物等）而形成沉积间断；在适宜的环境中，河漫滩沉积在间断期也可能发生成土作用形成土壤。在剖面垂直方向上，由于沉积间断发育，沉积物的粒度产生突变，许多研究利用这一特征辨识古洪水沉积层。在黄河中游北洛河宜君段基岩峡谷，古洪水沉积夹在全新世风成黄土-土壤地层之间，粒度分析表明，这些古洪水沉积物属于河流古洪水悬移质在高水位滞留环境下的沉积物，其中值粒径和平均粒径均较上覆与下伏的黄土、古土壤大（王夏青等，2011）。在黄河中游吴堡—宜川峡谷段，古洪水沉积夹在古土壤和坡积层之间，这些古洪水沉积物的平均粒径、中值粒径、分选系数和峰态与古土壤和坡积层明显不同（李晓刚等，2010）。

在河漫滩沉积剖面中，沉积物中的粗颗粒物质还可以指示洪水事件，沉积物颗粒的粗细变化也可以指示洪水的频率或规模。密西西比河上游河谷河漫滩的研究表明，如果河流系统输运的沉积物中有砂组分，那么大洪水漫滩往往会形成砂组分较多的河漫滩沉积物。在这种情况下，如果河漫滩沉积物来源没有变化，河漫滩沉积中的砂质沉积层可以作为古洪水事件的指示指标（Knox and Daniels，2002）。在葡萄牙塔古斯河河漫滩沉积的研究中发现，如果河漫滩沉积物的粒径变粗，则可能指示洪水频率或/和洪水强度的增加（Vis et al.，2010）。河漫滩沉积的粒度变化也是划分洪水沉积单元层的重要依据。在渭河及各支流的研究中，研究者根据河漫滩沉积剖面中粒度成分的差异，将河漫滩分为不同的单元层，每个单元层指示一次大洪水阶段（赵景波和王长燕，2009；牛俊杰等，2010）。在洪水沉积单元层划分的基础上，研究者基于河漫滩沉积粒径大小与洪水规模之间的正相关性以及相关的沉积学原理，提出了确定各单元层形成时期相对洪水深度的6条标准，成为判断洪水相对规模的重要依据（赵景波等，2009）。

（3）地球化学分析及其环境意义

元素地球化学分析在古洪水沉积与环境研究中得到了应用。Zr主要赋存于含Zr的粗颗粒沉积物中，而Rb主要分散在细颗粒沉积物中，Zr/Rb与沉积物粒度大小呈显著的正相关关系（Chen et al.，2006）。在英国塞文（Severn）河上游，对2根4 m长的粉砂河漫滩沉积剖面运用高分辨率（500 μm）的XRF岩心扫描仪进行扫描，获得沉积物的地球化学剖面，通过对比沉积剖面中的ln（Zr/Rb）和沉积物粒径大小，发现ln（Zr/Rb）随颗粒粒径的增大而增大，表明沉积剖面中的ln（Zr/Rb）可以作为沉积物粒度的指示指标，进而运用沉积剖面中的ln（Zr/Rb）变化建立了英国塞文河上游3750年以来的洪水记录（Jones et al.，2012）。河漫滩沉积物中地球化学元素的含量（Owens and Walling，2003）、赋存形态（Dawson and Macklin，1998；蹇丽等，2010）、时空分布（张心昱等，2005；Yun and Kannan，2011）等也是探讨流域环境污染的重要依据。以河漫滩沉积物中的地球化学元素分布形态的研究为例，在英国的艾尔（Aire）河，运用五步连续提取法，探讨河漫滩沉积物中Pb、Zn、Cu、Cd 4种重金属元素的化学赋存形态，发现Pb和Zn主要为铁锰氧化物结合态，Cu主要为有机结合态，Cd 主要为可交换态（Dawson and Macklin，1998）。

（4）其他研究指标及其环境意义

河漫滩沉积中保存的微体生物化石在古洪水的研究中发挥着重要作用，如沉积物中孢粉的数量和类型可以指示沉积物的性质。在洪水没有发生时，河流周围往往处在一个相对单纯的环境，其植物花粉种类有限，洪水期流水会带来广阔流域范围内的多种花粉，使这一时期的植物花粉种类增多，这些花粉中还可能有很多与该地区环境不相适应的孢粉种类，成为洪水事件的标志之一（袁胜元等，2006）。埋藏古树在某些河流沉积层中的突然集中分布则与古洪水事件有关，其出现频率高的时期与洪水频发期是一致的，在 6000 年 B. P. 以来长江下游地区古洪水与气候变化关系的研究中，沉积层中的埋藏古树是恢复研究区古洪水的重要依据（张强等，2003）。泥炭的形成与洪水关系密切，早全新世沙沟河河漫滩沉积剖面发现了许多泥炭层，这些泥炭层被认为是河漫滩出露水面后，滩地上生长的植被被后期洪水事件沉积掩埋碳化而成，每一个砂与泥炭的互层就是一次洪水事件的记录（王军等，2010）。

矿物表面微形态是判断沉积物性质的重要依据，扫描电镜分析是进行沉积物矿物表面形态鉴定分析的重要方法。在长江三峡中坝遗址和玉溪遗址河漫滩沉积物的辨识研究中，运用扫描电镜分析对比现代河漫滩沉积物和疑似古河漫滩沉积中的锆石微形态特征，发现两者之间相似程度较高，表现为半浑圆状或近浑圆状，均具有被流水长途搬运后留下的一定程度的磨圆特征和表面撞击的形态特征，据此判别疑似古洪水层的洪水沉积性质（朱诚等，2005，2008）。

1.2.3　河漫滩沉积在恢复古洪水事件中的应用

过去 30 年来与河漫滩沉积相关的古洪水研究受到了广泛的关注，通过对河漫滩沉积记录的古洪水信息进行分析，可以重建长时间的流域洪水序列，在较长时间尺度解释气候变化与古洪水之间的对应关系，揭示极端洪水事件和洪水位以及洪水发生规律，为流域重大工程建设和洪水灾害防御提供依据。

(1) 河漫滩沉积记录的古洪水频率

古洪水频率分析是根据古洪水研究获得的古洪水信息，与历史洪水、实测洪水组成洪水序列，再通过频率计算模型，获取洪水频率信息（詹道江和谢悦波，1997）。

古洪水频率分析的主要内容包括：①洪水发生的沉积证据；②洪水沉积物的年龄。作为洪水沉积证据，河漫滩沉积单元层的划分是进行古洪水频率分析的重要前提。许多研究根据沉积物的沉积特征辨识洪水沉积单元层，探讨一定时期内的洪水频次（Thorndycraft et al., 2005；Huang et al., 2011）。例如，根据沉积特征，日本 Nakagawa 河上游基岩峡谷段的一个相对连续的河漫滩沉积可以划分至少 41 个洪水沉积单元，指示约 600 年来发生的 41 次大规模洪水（Jones et al., 2001）。黄河上游水川宽谷的二级阶地上古洪水沉积特征清晰，可以划分为 106 个沉积单元，指示末次冰期（20 000 ~ 18 000 年）发生的 106 次大洪水漫滩事件（李长安等，2002）。渭河渭南段两个厚度约为 5.3 m 的典型高漫滩沉积剖面可以划分为 19 个层位，指示了 120 年来的 19 次大规模洪水（赵景波等，2009）。由于每次洪水都可能在原有河漫滩沉积上形成新的沉积，提升沉积高程，只有更大规模的洪水才会在同一地点形成新的漫滩沉积，其他较小规模的洪水则不能到达，因此，河漫滩沉积记录的是超过前期河漫滩沉积底界高程的洪水，只反映了一部分（低频次）古洪水的事件。在湿润地区，由于气候适宜，大量的动植物发育可能会造成洪水沉积单元的扰动，使得洪水沉积单元层界线模糊甚至消失，致使一个洪水沉积单元层可能是几次大洪水形成的沉积（Jones et al., 2001）；此外，一次洪水过程，除了带来新的河漫滩沉积外，也可能造成原有河漫滩沉积的侵蚀，导致洪水沉积单元层的缺失（Terry et al., 2008）。因此，在古洪水研究中，最好在同一河段研究更多的河漫滩或者阶地剖面，尽可能多地获取洪水沉积记录，在此基础上根据古洪水文学方法和河漫滩测年技术，分别获得古洪水的规模和年代信息，再运用洪水频率模型，计算洪水频率。研究表明，相较于依据实测洪水和历史洪水组成的洪水序列获得的洪水频率，古洪水信息的加入可以明显减少洪水频率计算的误差（谢悦波等，1998）。

（2）河漫滩沉积记录的古洪水水位和流量

古河漫滩沉积可以用来确定古洪水水位，在此基础上利用水文学原理计算古洪水洪峰流量。从河漫滩沉积中提取古洪水水位的方法有两种：一种是利用河漫滩沉积层顶面高程指示古洪水水位；另一种是根据洪水沉积中最大卵砾石的中轴，计算可以输运这些卵砾石的最小洪水深度。这两种方法都要求河漫滩沉积所在的河流断面是稳定的。河流中上游基岩质河槽在全新世时期比较稳定，河槽形态特征较规整和稳定，抗蚀能力强，断面变化小，水流状态亦比较稳定，因而在古洪水流量计算中产生的误差较小，有利于借助古洪峰水位推求洪峰流量（詹道江和谢悦波，2001；谢悦波等，1999），是古洪水研究的理想河段。

在科罗拉多（Colorado）大峡谷，根据基岩凹壁中保存的河漫滩沉积指示的古洪水水位，推算出发生在4518～4239年B. P. 的古洪水流量超过5700 m^3/s，发生在2602～2307年B. P. 的古洪水流量则超过6875 m^3/s，而依据沉积物指示的最高古洪水水位估算的古洪水流量则不低于8800 m^3/s（O'Connor et al.，1994）。法国Garden河基岩洞穴保存了过去500年以来形成的5个洪水沉积单元，其顶面高程指示有3次流量在6850～7100 m^3/s的古洪水，2次流量大于8000 m^3/s的古洪水（Sheffer et al.，2008）。利用西班牙塔古斯河古洪水沉积的高程，恢复了该河流中游最小古洪水流量为4000～4100 m^3/s，下游的最小古洪水流量为13 700～15 000 m^3/s（Benito et al.，2003b）。

由于河漫滩沉积形成时有些洪水在这些沉积物之上，河漫滩沉积顶层高度通常低于实际最高洪水位0. 3～2 m（Benito et al.，2004）。而要确定河漫滩沉积表层与实际最高洪水位之间的高差是比较困难的，成为古洪水研究中的不确定性因素（O'Connor et al.，1994）。在黄河中游的调查研究中发现，河漫滩沉积的尖灭点高出河漫滩沉积水平面

0.03 ~1.0 m，特别是1994年大洪水时期形成的平流沉积尖灭点高程与同次洪水形成的洪痕高程几乎一致，同时比河漫滩沉积水平面高出0.25 m，运用尖灭点高程指示的洪水位计算出的1994年洪水流量仅比实际记载的洪水流量低5%，说明河漫滩沉积的尖灭点高程可以更好地指示古洪水水位，提高古洪水流量的估算精度（Yang et al.，2000）。对长江中游地区的汉江上游河谷阶地的研究也表明，运用现代洪水形成的尖灭点高程推算的洪水流量为22 470 m^3/s，与实际测得的21 700 m^3/s洪水流量非常相近（Zhang et al.，2013）。

极端洪水可以挟带异常大的碎屑至河漫滩表面。搬运一定面积的粗颗粒沉积的洪水深度可以通过以下公式计算（Knox and Daniels，2002）：

$$D=0.0001A^{1.21}S^{-0.57}$$

式中，D为可以搬运最大碎屑的最小洪水深度；A为碎屑的中间轴（参数范围为50 ~3300 mm）；S为碎屑的近似能坡（m/m）。

在密西西比上游河谷，中小规模支流（流域面积小于368 km^2）的河漫滩在洪水期间非常容易形成砾石沉积单元。Knox和Daniels（2002）运用上述公式计算了输运最大砾石的最小洪水深度，中间轴分布取最大10个卵砾石和最大5个卵砾石的平均中轴，得出输运这些卵砾石的水深分别是2.7 m和3.1 m。这两个数值与1950年大洪水在河谷谷底树木上留下的洪痕高度以及其下游1.4 km的美国地质调查局水文观测站记录的最高洪水位非常相近（Knox and Daniels，2002）。

值得一提的是，有的研究运用河漫滩沉积中的粗颗粒物质，计算搬运最大粗颗粒所需的最小流速，进而推算古洪水流量。其推算过程分两个步骤（葛兆帅等，2004）。

首先计算洪水流速，公式为

$$d^3=kv^6$$

式中，d为最大5个卵砾石的平均粒径；k为常系数；v为洪水流速。

其次根据现代洪水实测水文资料，计算出沉积点位置流量和流速的关系：

$$Q=ev^a$$

式中，Q 为流量；v 为洪水流速；e、a 为常数。

根据上述公式，即可推算出古洪水流量。在长江三峡的一个一级阶地上埋藏有40 000～30 000年B. P. 的胶结砾石层，根据上述公式推算出红花套—古老背断面40 000～30 000年B. P. 前后长江上游的古洪水流量超过近现代洪水流量约23.8%（葛兆帅等，2004）。

(3) 河漫滩沉积与环境考古

全新世以来河流谷地和谷坡是古人类活动的主要场所之一，人类文化遗址地层中也常含有与古洪水等突发性灾害事件相关的河漫滩沉积，古洪水事件对人类生存环境构成挑战，为全新世沉积与环境研究的热点领域之一。在美国亚利桑那（Arizona）州科罗拉多大峡谷，通过对A. D. 1050～1170年4个考古遗址地层中记录的古洪水事件进行研究，探讨了早期农民在聚落形式选择和聚居点迁移方面对古洪水事件的适应（Anderson and Neff，2011）。在法国罗讷（Rhône）河中游流域，有学者通过系统研究全新世考古地层和古洪水沉积层的分布与堆积情况，探讨古洪水事件对流域内全新世考古遗址分布的影响（Jean-François，2011）。在河南新寨遗址东部的考古发掘中发现了3550～3400年B. P. 的埋藏洪泛古河道，古河道堆积主要由两个旋回组成，每个旋回下部为河床相堆积，中部为洪泛沉积，上部为漫滩后期的静水沉积，指示新寨期间这一区域出现异常洪水事件，它给当时的人类生存环境造成严重的破坏和威胁（夏正楷等，2003a）。对上海马桥遗址剖面的研究则表明，马桥遗址的良渚文化的衰落是大规模洪灾所致（朱诚等，1996）。在关中盆地西部漆水河中游沿河谷阶地上发现了覆盖在龙山文化聚落—浒西庄遗址文化层上的全新世大洪水滞流沉积层，这次洪水导致龙山文化早期聚落和田地被淹没，同时龙山文化晚期聚落得到迅速发展（黄春长等，2011）。在位于黄河上游官亭盆地，喇家遗址地层和周边河流阶地记录了当时该地区发生了伴有山洪暴发的、以黄河异常洪水和地震为主的群发性自然灾害，正是这场自然灾害导致了喇家遗址的毁灭，而黄河异常洪水则给喇家遗址先民带来了灭顶之灾（夏正楷等，2003b）。在这次群发事件中，史前人类生活的遗存和灾难的场景被地震与洪水带来的泥沙封存，从考古现场挖掘出了因被泥沙封存而未完全腐烂的4000多年前的面条，是迄今为止世界上发现的最古老的面条（Lu et al.，2005）。

1.2.4 河漫滩沉积对流域环境污染的响应

（1）河漫滩沉积与流域环境污染

受现代人类活动的强烈影响，大量有毒有害的重金属元素、放射性核素、有机农药和化合物等进入河流。由于洪水期细颗粒物质的比表面较大、提供的表面吸附位较多，污染物质偏向于吸附在细颗粒物质上（Horowitz and Elrick，1987）。系统采集某种地表自然物质，以标准化的方法制作地表物质元素空间变化的各种比例尺地球化学图，是区域地球化学环境背景和环境评价研究的基础性工作（谢学锦和周国华，2002）。河漫滩沉积是最适宜的地球化学填图采样介质，可以反映流域元素的地球化学特征（Edén and Björklund，1994）；利用全国529个河漫滩表层沉积物制作的Cu的地球化学图与利用全国数以百万水系沉积物分析结果绘制的Cu的地球化学图在相同区域内具有较好的相似性，表明河漫滩沉积样品能反映大面积元素的平均分布规律（Bølviken et al.，2004）。河漫滩表层沉积可能受到来自人类活动的污染，深部的河漫滩沉积则代表工业化之前的或未受到污染的自然状态（Ottesen et al.，1989；Xie and Cheng，1997）。通过河漫滩表层样品Hg分析结果与深层样品Hg分析结果的比值在全国的分布图，明显看到近50年工业化对中国东部地区造成的Hg的污染（谢学锦，2003）。综上所述，基于河漫滩沉积为采样介质的国际地球化学填图是了解大区域、大流域尺度环境背景和进行环境污染状况评价的重要途径。

（2）河漫滩沉积记录的污染过程和污染事件

洪水期吸附污染物质的悬浮物质沉积在河漫滩上，在稳定的、以垂向加积为主的河漫滩上，几乎每次漫滩洪水都可以在其上形成新的沉积，记录流域的环境污染过程。例如，在长江流域安徽段，根据河漫滩沉积柱样^{210}Pb和^{137}Cs的定年结果，分析了沉积柱剖面Cd含量随时间的变化，发现剖面上Cd等重金属元素含量的变化特征与改革开放和大规模工业化进程等历史事件基本吻合（赵传冬等，2008）。在南非贝格（Berg）河河漫滩沉积剖面的研究中，运用^{210}Pb测年技术对河漫滩沉积剖面进行了定年，探讨了南半球的Hg沉积记录，研究结果表明，沉积物中的Hg自1970年开始沉积速度加快（Kading et al.，2009）。在英国艾尔河位于城市和工业区下游的河漫滩上，沉积剖面中P含量反映了过去100年以来流域环境污染过程：1900年以前，沉积物中总磷含量仅有微弱的增加趋势；1900年以后，随着城市化的发展，进入河流的无机磷增加，沉积物中P含量的增幅加快；在世纪之交，由于污水处理厂技术的提升以及相关环境政策的实施，沉积柱中总磷和无机磷的含量减少（Owens and Walling，2003）。

人类活动产生的污染物质进入水体，被洪水带至河漫滩，河漫滩沉积剖面中重金属元素含量突然增加，成为流域污染事件的自然记录。位于波兰西南部的奥得（Odra）河沿岸的莱格尼察（Legnica）（波兰西南部城市）铜矿区在1980年左右出现Cu和Pb的最大产量，受被重金属污染的废水排放影响，河漫滩沉积剖面中出现Cu和Pb的浓度峰值；另一个河漫滩沉积剖面中的Zn有两个浓度峰值：源自中上游的污水排放是形成剖面上方浓度峰值的原因；下方的峰值可能与第二次世界大战后工业发展和人口密度变化有关（Ciszewski，2003）。由于流域早期的Pb-Zn矿开采活动，比利时东部的赫尔（Geul）河河漫滩被重金属Pb、Zn、Cd等高度污染，在普隆比耶尔（Plombières）尾矿北面1 km的河漫滩沉积剖面中，最高的重金属含量也与19世纪的开矿活动有关（Swennen et al.，1994）。

1.2.5 河漫滩沉积与环境研究展望

国内外河漫滩沉积与环境研究进展的综合分析表明，当前国内外对河漫滩研究关注的焦点之一是古洪水问题，研究主要集中在山区河流或河谷峡谷段（Knox，1985；詹道江和谢悦波，2001；Yang et al.，2000；Huang et al.，2011），对泛滥平原区古洪水的研究相对较少；对古洪水沉积的报道较多（Knox，1993；Benito et al.，2003a；杨晓燕等，2005），而对现代洪水沉积的研究相对较少，从现代洪水沉积入手探讨洪水事件沉积的正演研究还有待加强（李长安等，2009）。

随着环境问题越来越突出，河漫滩沉积环境污染受到国外研究者的广泛关注，特别是基于河漫滩沉积探讨流域环境污染的研究已逐渐成为近年来国际研究的热点。在国内，关于河口沉积物（董爱国等，2009；李家胜等，2010）、河流底泥（臧小平等，1992；刘艳等，2008；朱青青和王中良，2012）的环境污染研究较多，基于河漫滩沉积的环境污染研究还相对不足。

此外，国外虽有对河漫滩沉积特征的系统研究，但并不多见，国内的相关研究则更少。以长江的研究为例，探讨长江河谷演变、河道冲淤变化的研究较多（杨达源，1983，1989；王建等，2007；Cao et al.，2010），对河漫滩本身沉积特征的系统研究还有待加强。

中国河流众多，泛滥平原面积广阔，现代河漫滩沉积广泛发育，无论是探讨泛滥平原区现代河漫滩沉积的洪水事件沉积还是系统研究，河漫滩沉积特征都有很多的研究对象和研究视角，因此洪泛平原上现代河漫滩沉积与环境研究具有广阔的研究前景，利用河漫滩沉积研究流域环境污染历史也极具吸引力。

1.3 研究目标与研究内容

1.3.1 研究目标

基于国内外的河漫滩沉积与环境研究的现状综述，关注地质时期的河漫滩沉积和阶地沉积的研究比较多，且有较大的影响；中国作为一个河流众多的国家，河流流域的河漫滩沉积与环境研究多在支流开展，主要是围绕河漫滩沉积与古洪水、古气候开展研究。本研究选择长江干流下游地区的现代河漫滩沉积作为研究对象，系统研究现代河漫滩沉积特征、洪水沉积记录和人类活动的沉积响应（重金属污染）的过程，弥补河漫滩沉积与环境研究中相对薄弱的领域。

1.3.2 研究内容

长江南京—镇江段位于长江下游地区，为感潮河段，水流缓慢且受潮水顶托影响，发育较为宽阔的河漫滩。在野外调查的基础上，在长江南京段现代河漫滩采集NB1孔、NB2孔（露头剖面）和GB88孔，在镇江段现代河漫滩采集ZR99孔和ZH51孔。本书根据采集的5个现代河漫滩沉积岩心，系统分析长江现代河漫滩沉积特征及其影响因素；根据NB1孔的年代学和多环境指标的分析，探讨河漫滩沉积记录的洪水事件，评价现代河漫滩沉积环境质量并重建河漫滩沉积记录的重金属污染历史，具体研究内容如下。

1）基于地貌与沉积学的调查和研究方法，描述NB1孔、NB2孔、GB88孔、ZR99孔和ZH51孔的岩性特征与现代河漫滩沉积特征；分析NB1孔、GB88孔、ZR99孔和ZH51孔沉积粒度特征和NB1孔磁化率特征、元素地球化学特征，根据相关的河流地貌、洪水期河道河势特征、采样点地理环境等，探讨河漫滩沉积变化的环境影响因素。

2）现代河漫滩沉积记录的大洪水事件：根据NB1孔沉积物的粒度、常量元素特征，结合长江流域洪水文献记录，探讨长江下游河漫滩沉积记录的大洪水事件。

3）现代河漫滩沉积环境质量评价及河漫滩重金属污染历史重建：根据NB1孔河漫滩沉积物中的微量元素含量，运用长江干流沉积物质量分级标准、沉积物质量生物效应范围法（FDEP泥沙质量准则）、富集因子法、地累积指数法、潜在生态风险指数法对长江下游现代河漫滩沉积进行环境质量评价，并在此基础上探讨长江下游现代河漫滩沉积记录的重金属污染历史。

第2章 区域概况和样品采集

2.1 长江流域自然地理概况

2.1.1 流域自然地理概况

长江是亚洲最大的河流，发源于青藏高原唐古拉山主峰，从西向东，横跨我国大陆的三大阶梯，全长约 6300 km，流域面积为 1.81×10^6 km^2，总落差约6500 m（Chen et al.，2001a；Dai et al.，2008）。长江干流流经青海、西藏、四川、云南、重庆、湖北、湖南、江西、安徽、江苏、上海 11 个省（自治区、直辖市），沿途汇集了大小数百条支流，在崇明岛以东注入东海［图 2-1（a）］。从上游到下游，长江流经了多种地貌类型（Chen et al.，2001b）：从源头到宜昌为长江上游，长约 4500 km，流域面积为 100 万 km^2，主要流经高原地区和盆地；宜昌—湖口为长江中游，长约 938 km，流域面积为 68 万 km^2，主要流经江汉平原和洞庭湖平原；湖口—河口为长江下游，长约 835 km，流域面积为 13 万 km^2，主要发育了大面积的三角洲，其海拔仅高于海平面 2 ~5 m。东海的潮汐可沿长江干流上溯到 500 km 以上的地方，使长江最后一个总控制性水文站（大通水文站）不得不设置在不受潮汐影响的距河口达 625 km 的安徽境内。大通以下为河口区，根据水动力条件和河槽演变特性的差异，长江河口区可划分为三段［图 2-1（b）］：大通—江阴（年平均潮流界）为近口段，河段长为 400 km，水动力条件为径流；江阴—口门（拦门沙滩顶）为河口段，河段长为 220 km，水动力条件为径流与潮流相互消长；口门外至 30 ~ 50 m 等深线附近为口外海滨段，水动力条件以潮流作用为主（沈焕庭等，2003）。

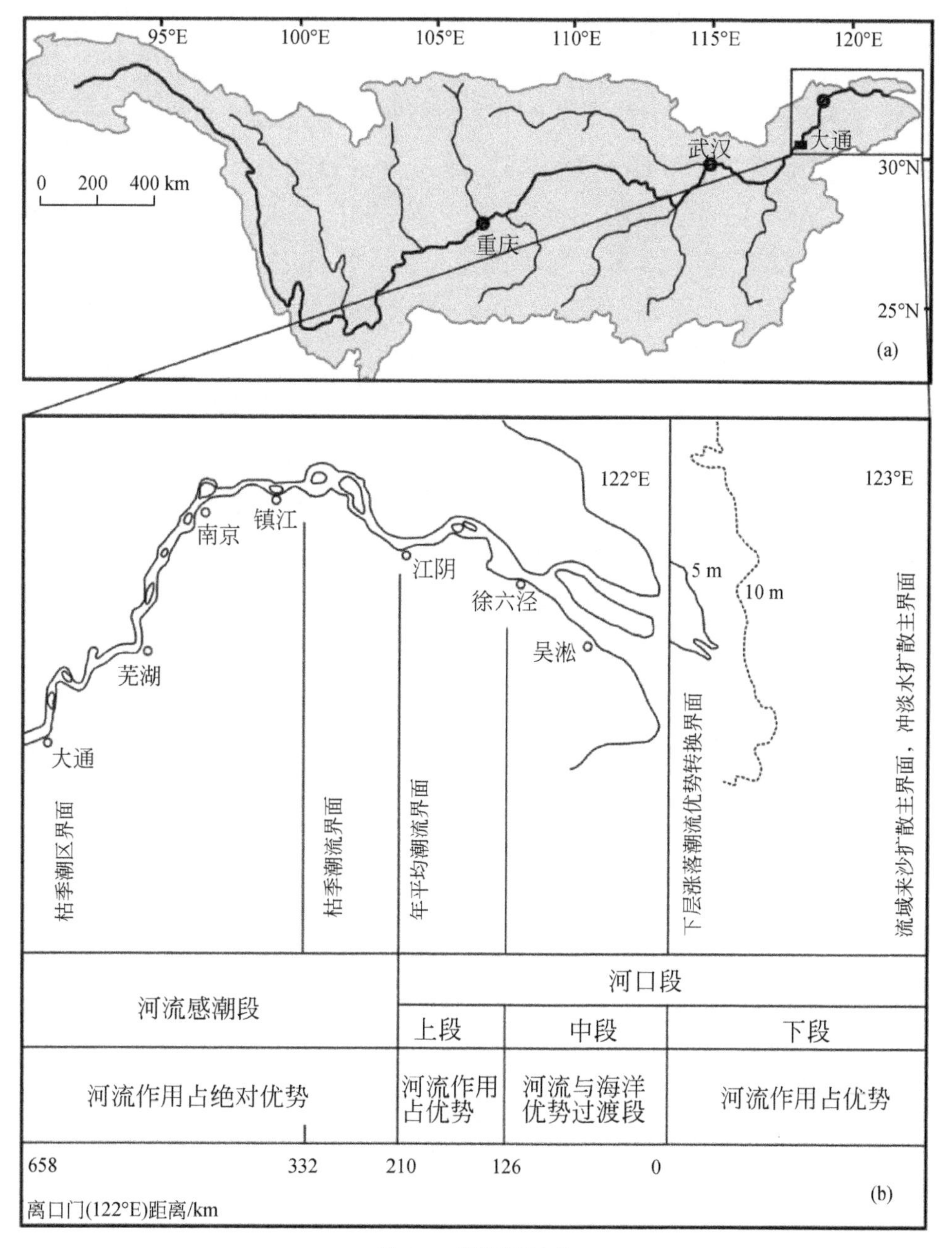

图 2-1　研究区示意

（a）长江流域示意；（b）长江河口区范围和分段示意（沈焕庭等，2003）

长江流域地域辽阔，地理环境复杂，各地区气候特征差异明显，大部分地区位于亚热带季风气候区（Chen et al., 2007）：其中上游地区气候分属青藏高寒区和亚热带季风区，气温差异大，年平均气温为-4.4 ℃；中下游流域大部分位于亚热带季风气候区，温暖湿润，平均气温在16～18 ℃，整体而言，气温的分布为南高北低、东高西低的特征。长江流域降水丰沛，多年平均降水量为1100 mm，由于空间跨度大，且受季风气候的影响，流域内的降水量和暴雨的时空分布差异明显：源头地区属于干旱带，年降水量小于400 mm，流域大部分地区属于湿润带，年降水量在800～1600 mm，流域东南部年降水量在1600～1900 mm（Gemmer et al., 2008），长江的洪水由暴雨形成，洪水发生时间和地区分布与暴雨相对应，因此该区也是我国洪涝灾害比较严重的地区；长江流域降水量的年内分布很不均匀，其中降水多集中在4～10月，降水量约占全年降水量的85%；中下游由降水造成的洪水通常始于3～4月，受降水影响，长江水位波动上升，到8月达到最高水位。此后，随着降水量的降低，长江水位开始回落，水位在秋季和冬季持续降低，一直延续到次年2月，到达一年中的最低水平，年水位起伏平均可达20 m左右，枯水年的水位起伏为8～11 m。

长江流域位于三江古特提斯造山带、秦岭—大别山造山带、华南造山带、扬子地台等构造单元之上，区域内基岩类型复杂，分布有大面积的碳酸盐岩、陆地碎屑沉积岩和蒸发岩以及较多的片麻岩、片岩、侵入岩等（范德江等，2001）。上游青藏高原源区以碳酸盐岩为主，也分布有较多火成岩；在金沙江、雅砻江、大渡河、岷江流域，以变质碎屑岩、碳酸盐岩最为发育，占区域面积的80%以上（李娟等，2012）；在云南、贵州、湖南西部和在汉水中上游地区，广泛分布着碳酸盐岩（Chen et al., 2002；陈静生等，2006）；在长江中下游沿江水系地区，沉积岩主要为第四纪松散河湖相沉积物和古生代海相沉积岩（Ding et al., 2004）；蒸发岩则在长江流域局部地区分布；此外，长江流域矿产资源丰富，流域内的云南、贵州、四川、湖北、湖南、安徽等省均是我国重要的矿产资源大省（图2-2）。

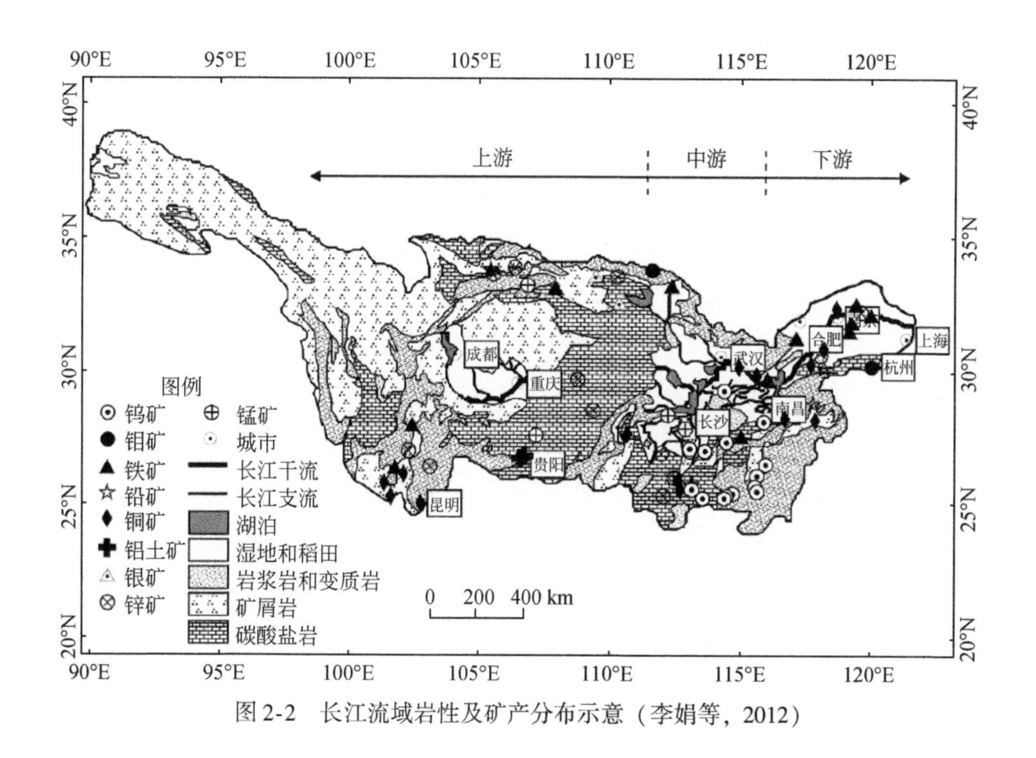

图 2-2　长江流域岩性及矿产分布示意（李娟等，2012）

2.1.2　长江入海水沙特征与变化

大通水文站是长江下游最后一个不受潮流影响的控制站，距长江口门624 km，集水面积 170.5 万 km²，控制长江流域 96% 的总面积。长江主流在大通水文站以下没有大的支流注入，我国学术界通常用大通水文站水流量和输沙量来表征长江河口来水来沙量。长江水流丰沛，根据大通水文站实测资料，长江的多年平均流量为 2.82 万 m³/s（1950～2011 年），平均洪峰流量为 5.68 万 m³/s（1950～2011 年），平均枯水流量为 1.67 万 m³/s（1950～2011 年）。长江径流量年际变化也较大，最大年径流量为 13 590 亿 m³（1954 年），最小年径流量为 6760 亿 m³（1954 年）。最大洪峰流量为 9.26 万 m³/s（1954 年 8 月），最小枯水流量为 0.462 万 m³/s（1979 年 1 月），两者之比约为 20：1。受季风影响，长江洪水流量在年内分配不均匀，具有明显的季节性变化，其中5～10月为汛期，其间径流量占全年的70.73%，最大径流量一般出现在7～8月；11月至次年4月为枯季，径流量小，最小流量则在1～2月。就来沙特征而言，大通水文站观测到的多年平均输沙量为3.88亿t（1950～2011年），其中最大输沙量为6.78亿t（1964年），最小输沙量为0.72亿t（2011年）；多年平均含沙量为3.88 kg/m³，其中最大含沙量为3.24 kg/m³（1959年8月），最小含沙量为0.016 kg/m³（1933年3月）。长江水体的输沙量、含沙量与流量有关，洪水期的含沙量占全年的87.65%（1951年，1953～2011年），多年平均含沙量约为0.53 kg/m³（1951年，1953～2011年），枯水期多年平均含沙量约为0.182 kg/m³（1951年，1953～2011年）（屈贵贤，2014）。大通水文站径流量及输沙量年际变化和年内变化如图2-3所示。

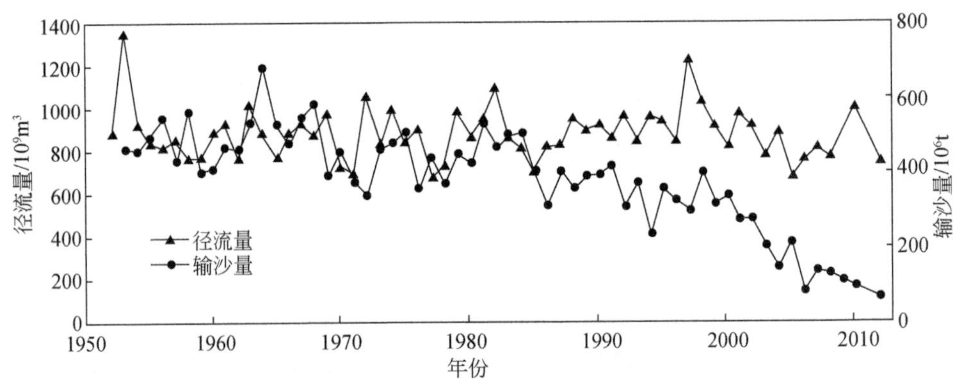

图2-3　大通水文站径流量和输沙量的时间序列（1953～2011年）

长江流域的人口约为5亿人，是世界上受人类活动影响最深刻的河流之一。为了蓄积流水、减少洪水灾害、发电和灌溉，20世纪50年代以来，长江流域共建设大大小小水库50 000多座（Yang et al., 2005）。截至2000年，长江流域有15座超过100 m高的水库，其他20多座水库在2015年建成（Yang et al., 2011）。三峡大坝是目前世界上最大的水库，其蓄水高度为185 m，于2003年开始蓄水，对长江流域产生了极大的影响（李从先等，2004；Yang et al., 2006；Xu et al., 2007；Chen et al., 2008）。根据大通水文站的观测，自1950年以来大通水文站年径流量年际波动明显（图2-3），受上游大量水库的建设

（贡献率为 88%）和水土保持工程（贡献率为 15%）的影响（Dai et al.，2008），1980 年后长江的输沙量呈现明显减少趋势（Gao and Wang，2008），尤其是三峡大坝蓄水后，长江输沙量的降幅更为明显（图 2-3）。大坝蓄水前，大通水文站多年平均输沙量为 4.27 亿 t，多年平均含沙量为 0.473 kg/m^3；大坝蓄水后，多年平均输沙量减小为 1.14 亿 t，多年平均含沙量减少为 0.179 kg/m^3，与蓄水前相比平均输沙量与含沙量减小的幅度分别为 73.3%、62.2%；多年平均流量、径流量分别减小了 10.5%、10.2%（表 2-1）。

表 2-1 三峡大坝蓄水前后大通水文站的来水来沙量

蓄水前后	统计年份	多年平均流量/(m^3/s)	多年平均径流量/亿 m^3	统计年份	多年平均输沙量/亿 t	多年平均含沙量/(kg/m^3)
蓄水前	1950～2002	28 700	9 045	1951、1953～2002	4.27	0.473
蓄水后	2003～2009	25 700	8 121	2003～2009	1.14	0.179

就泥沙来源而言，长江泥沙主要来源于长江上游地区，其中上游的金沙江、嘉陵江分别贡献了 46.2% 和 26.6% 的泥沙量（王贵和张丽洁，2002；蓝先洪，2004），约有 1/6 的上游泥沙（特别是粗颗粒的泥沙）在中游沉降下来，其余到达下游；汉江是中游泥沙输入的主要来源，但汉江的大部分泥沙被丹江口水坝拦截；下游河流的泥沙输入很少（李香萍等，2001）。从干流大通水文站多年输沙量来看，来自上游区域的泥沙约占 79.2%，来自中下游区域的泥沙只占小部分（高宏等，2001）。

2.1.3 长江中下游河道变迁

宜昌—河口为长江中下游河段，河道全长约 1900 km，宜昌—枝城为顺直微弯河型，枝城—藕池口为弯曲河型，藕池口—城陵矶为蜿蜒河型，城陵矶—徐六泾为分汊河型，徐六泾以下为河口段。长江中下游河道历史时期的变迁主要表现在三个方面，一是左岸河流首先消亡，主河槽向南迁移；二是长江自然裁弯的通道全部在右岸切开；三是长江的大部分江心洲并向左岸（孙仲明，1983）。近几十年来，长江中下游河道演变受自然和日益增强的人为因素的双重影响，河道演变具有如下特点：①就河势而言，近60年来长江中下游河段河势总体保持相对稳定，没有发生长河段主流线的大幅摆动，但局部河段的河势不断发生调整变化，有的河段的河势调整相当明显（潘庆燊，2001）。②就江岸的冲淤变化而言，长江中下游两岸的演变主要反映在汊道的一侧（右岸和凸岸）和过渡段深泓远岸的一侧接受淤积，汊道的另一侧（左岸或凹岸）和过渡段深泓近岸的一侧接受冲刷；20 世纪 50～90 年代，汊道的摆动幅度为 100～300 m，冲淤速率一般小于 10 m/a，汊道两岸的冲淤变化局限于岸前边滩的消长（朱立和蔡鹤生，1995）。③就江岸的崩塌变形而言，长江中下游抗冲性差的土质江岸常常发生崩岸，导致河道的冲淤变化，进而影响长江中下游岸线变化，严重的崩岸也给沿江生产生活带来很大的危害。武汉—南京段左右岸总长 1453.4 km，不同程度的崩岸长达 354.8 km（朱立和蔡鹤生，1995）。④就人类活动而言，长江中下游沿岸均筑有堤防，部分河段还修建了平顺护坡、短丁坝等，这些护岸工程的实施往往使河道横向冲刷受到抑制，河岸稳定性增强。但是在大洪水时期，流速流量的骤然增加，堤防标准低的河段可能会破堤外泄，导致江岸发生严重变形，如 1954 年大洪水期间，南京浦口—下关局部护岸工程均被洪水一扫无遗，不仅如此，由于流速较大，河段的洲滩发生冲刷，浦口—下关两岸连续发生崩塌，河床变形异常剧烈（黄南荣，1959）。

2.1.4 流域人类活动

长江沿江分布了许多人口达百万人的大城市，如重庆、宜昌、武汉、南京、上海等，沿江分布的经济总量占全国总量的50%，在经济高速发展的同时，长江流域的生态环境也不容乐观。沿江城市的工业、建筑业和城镇居民生活污水直接排放到长江中，这些污水排放主要集中在长江中下游地区，包括长江主流、太湖水系、洞庭湖水系、鄱阳湖水系、汉江等，影响长江的水质。据资料显示，20世纪70年代长江流域的年平均污水排放总量为130.3亿t，1992年长江流域的年平均污水排放总量为154.8亿t，1997年长江流域的年平均污水排放总量为193亿t，到21世纪初更以平均每年13.6亿t的速度增长（孔定江等，2007），到2012年长江流域的废水排放总量为347.4亿t，其中生活污水为123.1亿t（含第三产业和建筑业），占总量的35.5%，工业废水为224.3亿t，占总量的64.5%（《长江流域及西南诸河水资源公报(2012)》）。生态与环境是未来社会经济发展的制约性因素，因此我国很早就已经注意环境监督管理的重要性。在70年代初，我国成立了国家、省、市、县各级环境保护机构，设置了环境监测和科研机构，加强了对环境的监督管理。80年代初，国家将环境保护列为基本国策，先后颁布了一系列的法规和政策，人们的环境意识、污染防治技术及管理水平不断提高。近年来，我国加大了环境污染治理的投入，以城市污水处理厂为例，2004～2012年，长江流域各省（自治区、直辖市）的城市污水处理厂的数量逐年增加（表2-2）。这些政策和措施的颁布与实施虽然没有根除环境问题，但在一定程度上缓解了环境污染，如随着废污水处理率和达标率的提高，流域污水排放量的增速明显下降；又如随着长江沿岸一些污染严重的支流、湖泊污染防治规划的制定和实施，长江干流及沿岸流域水质污染逐步改善，干流水质总体保持良好，根据2007～2012年《长江流域及西南诸河水资源公报》，2007～2012年长江河流水质状况较好，Ⅰ～Ⅲ类水河长占总评价河长的66.7%、69.1%、63.7%、67.4%、70.3%和74.6%。

表2-2　长江沿岸各省（自治区、直辖市）2004～2012年城市污水处理厂数量

（单位：座）

年份	青海	西藏	四川	云南	重庆	湖北	湖南	江西	安徽	江苏	上海	总量
2004	1	—	22	26	13	21	15	5	18	99	38	258
2005	1	—	29	29	16	26	19	7	21	105	40	293
2006	1	—	33	21	18	28	20	8	17	111	40	297
2007	3	—	33	23	23	28	26	11	25	111	34	317

续表

年份	青海	西藏	四川	云南	重庆	湖北	湖南	江西	安徽	江苏	上海	总量
2008	3	—	39	17	26	34	25	14	32	128	38	356
2009	4	—	52	23	27	47	42	29	36	155	43	458
2010	10	—	57	28	28	56	55	30	45	163	45	517
2011	6	—	64	30	36	70	54	32	47	178	49	566
2012	20	1	71	30	39	68	55	33	53	183	49	602

2.2 长江下游南京—镇江段概况

长江从江苏南部经过，由西向东将江苏分为江南和江北两部分。长江干流在江苏境内全长 433 km，境内岸线总长 1114 km，包括 804 km的主岸线和 310 km 的洲岸线（逄勇等，2003）。长江南京—镇江段位于长江下游江苏境内，为长江的感潮河段（芮孝芳，1996）。其中，长江南京段是长江下游进入江苏境内的首段，自上而下由新济洲汊道、梅子洲汊道、八卦洲汊道、龙潭弯道 4 个河段组成，全长 98 km，其中北岸约 101 km，南岸约 99 km；镇江段位于南京段下游，自上而下由仪征水道、世业洲汊道、六圩弯道、和畅洲汊道组成，全长56 km（图 2-4）。南京位于长江三角洲经济圈内，是长江流域四大中心城市之一和中国东部地区重要的交通与通信枢纽，是江苏的政治、经济和文化中心，也是江苏唯一拥有长江两岸岸线的城市，镇江在历史上就是物流汇聚的工商巨埠，两者均是江苏经济的重要支撑。长期以来，沿江开发是区域经济发展和国土整治关注的焦点（钟钢和陈雯，1997；佘之祥，2003），南京—镇江段自然条件优越，区位优势明显，是江苏社会经济发展的核心区域（司马华炜和翟剑峰，2011）。此外，长江是江苏最主要的饮用水水源地，全省约 80% 的工农业用水和生活用水均直接或间接地取自长江，如果长江发生重大污染，江苏沿岸城市居民的生活和工农业生产将会受到严重影响。总之，随着南京—镇江沿江经济的发展，对长江岸线、水资源开发利用的要求愈发迫切，对长江河势稳定、防洪安全的要求也越来越高，长江整体环境对沿岸经济和生活的影响也越来越明显。探讨南京—镇江段河漫滩沉积特征、洪水事件沉积以及河漫滩沉积记录的环境污染，可为南京—镇江段维护河势稳定、防治洪水以及治理环境污染等实践提供科学依据，具有重要的研究意义。

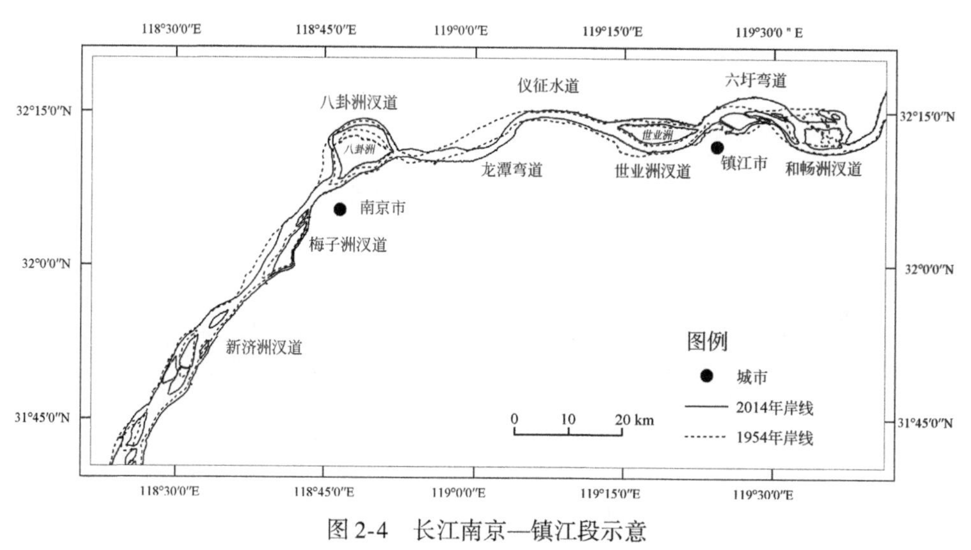

图 2-4　长江南京—镇江段示意

1954 年岸线数据源自国家地球系统科学数据中心共享服务平台（http://www.geodata.cn），
2014 年岸线数据源自地球在线（http://www.earthol.com/）

2.2.1　河漫滩分布

除少数的石灰岩、砂岩构成的岸段外，南京—镇江段的现代河床发育和流动于松散沉积物上，这些松散沉积物则是河床的直接边界。由于河床比降小、江面宽且河段来水来沙量较大，在感潮河段潮水顶托作用下，河床和河漫滩淤积过程加强，南京—镇江段发育了新济洲、梅子洲、八卦洲及世业洲、和畅洲等一系列江心洲与浅滩（何华春等，2004；张增发等，2011）。这些江心洲与浅滩一般具有二元结构，上层主要为河漫滩相，下层主要为河床相（吴文浩，1990）。

在南京段，由于新构造运动的差异升降，河段右岸有下三山、幕府山、燕子矶、乌龙山、栖霞山等山地丘陵和主要由下蜀土组成的阶地临靠江岸，河漫滩比较狭窄，且多岩矶和陡岸；左岸有西江口、黄家洲、兴隆洲等边滩，河漫滩比较广阔，山地丘陵及阶地离江岸较远（陈宝冲，1988）。根据南京长江三桥、大桥和四桥的钻孔分析，在南京段，沿江广泛分布着高程为7～11 m的河漫滩（Cao et al.，2010）（图2-5）。

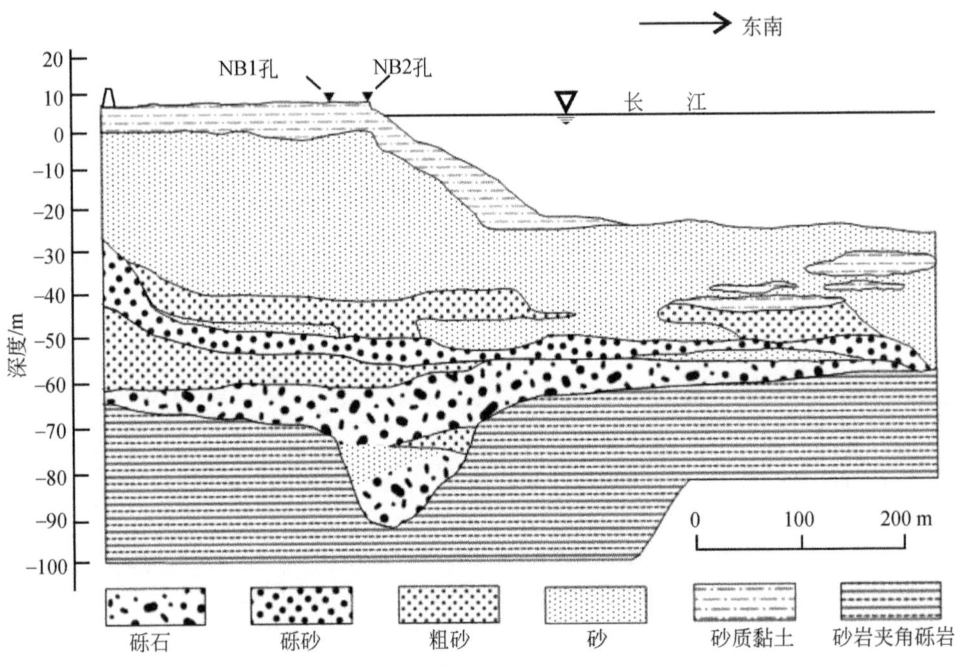

图2-5　南京长江大桥河道地质剖面示意图（Cao et al.，2010）

在镇江段，由于河床地形复杂，心滩、边滩普遍分布，河段右岸临南京—镇江山脉北麓，除龙门口岸段为冲积层外，其余为下蜀黄土阶地，由于下蜀黄土阶地的抗冲性较强，岸线较稳定或呈淤积状态。受蜀冈山脉的影响，镇江段左岸上端的抗冲性较强，中下段则为广阔的河漫滩（张增发等，2011）。

河流河漫滩相沉积的顶面高程一般与该地河流的洪水位接近，且其沉积厚度往往与河流水位变幅相当（杨达源和严庠生，1990）。万年来，长江河口水位上升约25 m，其中镇江—（古）扬州间，长江水位上升约20 m，南京附近长江河段水位上升17～18 m。受水位上升的影响，长江南京—镇江段河漫滩沉积的突出特征是厚度较大，以全新世河漫滩相为例，南京段全新世河漫滩相沉积厚度在 20 ~ 30 m，镇江段全新世河漫滩相沉积厚度约为 32 m（杨达源和严庠生，1990）。近 60 年来，南京下关水文站监测的最高水位平均上升 1 m 多，其中 20 世纪 60 年代下关水文站监测的最高水位为 8.09 m，70 年代为 8.32 m，80 年代为 8.61 m，90 年代为 9.38 m。总之，随着水位的不断上升，长江中下游河漫滩不断加积增高，并在部分河段出露，形成河漫滩自然剖面（图 2-6）。

图 2-6　长江南京段河漫滩自然剖面

2.2.2　河道演变

20 世纪 50 年代以来，南京—镇江段河势总体比较稳定，局部地区冲淤变化较大（图 2-4）。在南京梅子洲与八卦洲之间的浦口—下关河段，河道岸线基本没有变化；八卦洲汊道段虽在近 60 年来发生了主支汊原位交替的现象，左汊也一直处于衰退中，但自 80 年代以来，河段河势基本稳定；龙潭弯道因 80 年代堵汊形成单一弯道，从六合的西坝至三江口后进入仪征水道，河势基本稳定（章志强和李涛章，2010）。长江镇江段是长江下游变化最剧烈的河段之一（张益民，2003；孟红明和赵定平，2010），如在世业洲汊道，其右汊在近百年来一直保持主汊地位，但在1976年以后汊道的形势发生了缓慢变化，1976年以前左右汊分流比稳定在20%以内，1997年为26.4%，2010年为38.5%，随着左兴右衰的发展，汊道平面形态变化加剧，且左右汊汇流后的主流不断右移（张增发等，2011）；在六圩弯道，河流凹凸岸互换后的凹岸持续崩塌，且弯道不断向下游发展（刘小斌等，2011）；在和畅洲汊道，河道由多汊演变为鹅头形双汊河道，并在21世纪50年代以来经历了两次主支易位的过程（季成康和刘开平，2002）。

2.2.3 河岸崩塌与防护

由于河床演变剧烈，长江下游江岸崩塌淤积严重，岸线变迁频繁。据报道，长江下游崩岸长度占整个岸线长度的1/3以上，自20世纪50年代以来，长江下游地区的崩岸幅度一般在100～500 m，有的崩岸幅度甚至超过2000 m，崩岸严重地段一年的崩退幅度就有数百米（季成康和刘开平，2002）。地处下游的长江江苏河段，河床和洲滩摆动性大，江岸冲淤变动频繁（白世彪等，2007）。受南京—镇江山脉的制约，南京—镇江段南岸岸线稳定少变，而由于北岸属冲积平原，常常受水流淘刷而发生崩塌。以长江南京段为例，虽河道总体比较稳定，但是在局部地区，江岸崩塌时有发生，其主要类型为窝崩、条崩和洗崩。窝崩的强度最大，多发生在弯道凹岸，弯道窄段的边滩或沙洲也时有发生，2008年11月，长江南京段的三江口发生崩岸，形成340 m×230 m的窝崩，窝崩面积约为7.8万m^2，崩塌土方量约为110万m^3，这次崩岸导致200 m长的主江堤遭受水毁，沿岸水厂取水头塌入江中（仲琳等，2011）。20世纪80年代，在南京长江大桥以下发生十几次窝崩，造成货场、码头塌入江中，并威胁到主江堤的安全（李宝璋，1992）。条崩多见于深泓与岸线平行而不直接顶冲岸线的河段，只在堤前漫滩上发生（王媛和李冬田，2008）。我们在南京长江大桥附近长江主流左岸的堤前漫滩上发现了大规模的条崩，崩岸长度达数百米，这些条崩在平面上呈小锯齿状，崩落的块体较大，有些块体约为

50 cm×25 cm×15 cm [图2-7 (a)]。洗崩在长江中下游河岸随处可见，是小范围土体或局部河岸受风浪（或船行波）、水流侵蚀淘刷形成的流失或剥落（张幸农等，2008）。图2-7 (b) 为长江南京段河漫滩上的洗崩，崩塌规模相对较小，崩岸长度为十余米，坍落土体体积在数百立方米之内。

(a) 条崩

(b) 洗崩

图 2-7　南京长江大桥下游河岸崩塌

崩岸的危害极大，它使岸前滩地损失，危及岸堤的稳定（朱立和蔡鹤生，1995），对防洪、航运和取水不利，制约沿江地区经济的可持续发展，所以江岸的防护工作显得尤为重要。中华人民共和国成立以来，随着社会主义建设的发展，长江中下游的河道整治工作快速开展（潘庆燊和曾静贤，1982）。在长江江苏河段，50 多年来，政府对河道进行了持续治理，并经历了由 20 世纪 50～60 年代的局部治坍，到 70 年代重点部位河势控制和 80 年代以来重点河段的初步系统治理的三个发展过程（周东泉，2007）。南京—镇江段是重点治理河段（黄南荣，1986），这些护岸、河道治理工程使南京—镇江段河势得到一定程度的控制，遏止了主流的大幅度摆动和江岸的剧烈崩塌，维护了江岸的稳定，改善了沿岸的防洪、航运条件，为沿江工农业生产和人民生命财产安全提供了有力保障，同时也改变了河道在自然状态下的滩槽形势及其演变过程（黄南荣，1986）。

2.3 野外调查和样品采集

对南京—镇江段河漫滩分布区进行了多次的野外考察，2012 年 4 月，利用岩心管长 100 cm 的重力采样器在南京—镇江段采集了 4 个现代河漫滩沉积岩心，其中 NB1 孔长 173 cm、GB88 孔长 176 cm、ZR99 孔长 198 cm、ZH51 孔长 102 cm。2013 年 7 月，在 NB1 孔所在的河漫滩露头采集沉积岩心 NB2（露头剖面），其长度为 0.493 m。NB1 孔和 NB2 孔位于长江大桥北桥头堡下游河流左岸的河漫滩上（32°7′47.95″N，118°41′42.06″E）。GB88 孔位于 NB1 孔和 NB2 孔下游约 1370m 的河漫滩上（32°8′0″N，118°42′58″E）。ZR99 孔位于世业洲洲尾的龙门口一带（32°13′44.64″N，119°23″40.54″E）。ZH51 孔位于 ZR99 孔下游约 1500 m 处（32°14′35.64″N，119°24′39.71″E），ZH51 孔西面为镇江港引航道。5 个河漫滩沉积岩心均位于河漫滩边缘靠近河道的位置，其分布位置和采样现场如图 2-8 和图 2-9 所示。

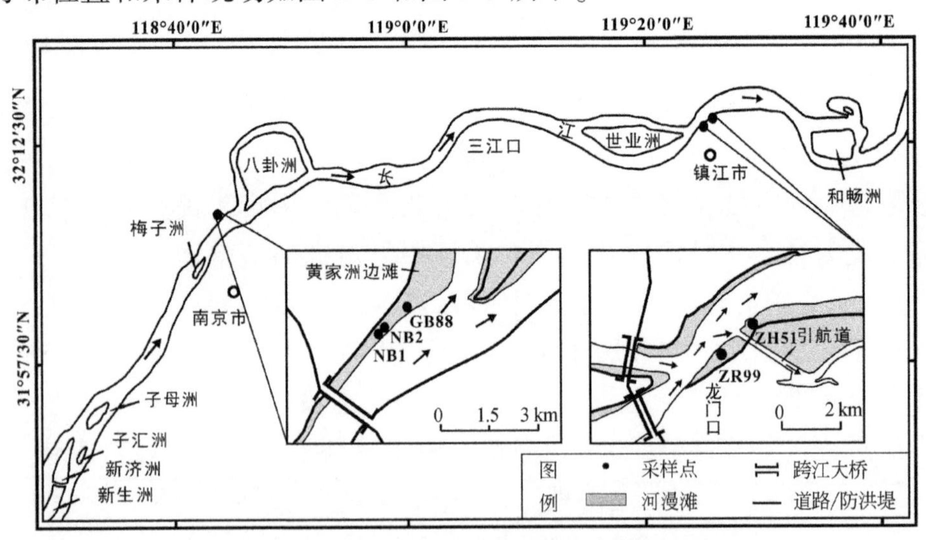

图 2-8 长江南京—镇江段现代河漫滩沉积采样位置示意

(a) NB1孔采样位置

(b) NB2孔采样位置

(c) GB88孔采样位置

(d) ZR99孔采样位置

(e) ZH51孔采样位置

图 2-9　长江南京—镇江段现代河漫滩沉积采样现场

2.3.1　长江南京段现代河漫滩沉积岩心

如图 2-10 所示，南京段 3 个沉积岩心位于现代河漫滩边缘，靠近河床，沉积岩心西北面约 220 m 处是海拔为 12.55 m 的防洪大堤 [图 2-10（c）]。长江南京段河势总体稳定，特别是南京梅子洲段与八卦洲连接处的浦口—下关河段，该河段为人工双节点河段，受节点强烈控制，岸线基本无较大变化；1968 年南京长江大桥建成后，受河岸两侧桥墩的扼制，南京长江大桥和八卦洲之间的河道稳定性进一步增强（胡勇，2003）。如图 2-10（a）所示，南京长江大桥—八卦洲河段的上段岸线自 1954 年来基本保持不变，NB1 孔和 NB2 孔位于该河段；南京长江大桥—八卦洲河段的下段岸线在 1954 ~ 1987 年向右岸迁移，并在 1987 年以后保持稳定，GB88 孔位于该河段。

NB1 孔和 NB2 孔所在河漫滩位于南京长江大桥—八卦洲河段的上段岸线，沉积环境相对稳定，以垂向加积为主，较好地记录了流域环境变化。其中，NB1 孔位于小树林边缘，小树林主要生长柳树、柏杨，也包含大量芦苇；NB2 孔位于河漫滩陡坎之上［图 2-10（c）］，该陡坎高约 1 m。NB1 孔距离枯水期（3 月）水边界约 80 m；NB2 孔距离枯水期水边界约 45 m。NB1 孔西北面约 220 m 处防洪大堤的顶面高程为 12.55 m，利用南方水准仪 DSZ2 测量 NB1 孔和 NB2 孔与防洪大堤顶面的相对高差。通过计算，NB1 孔的海拔为 8 m，底部海拔为 6.27 m；NB2 孔的海拔为 7.8 m，底部海拔为 7.31 m。

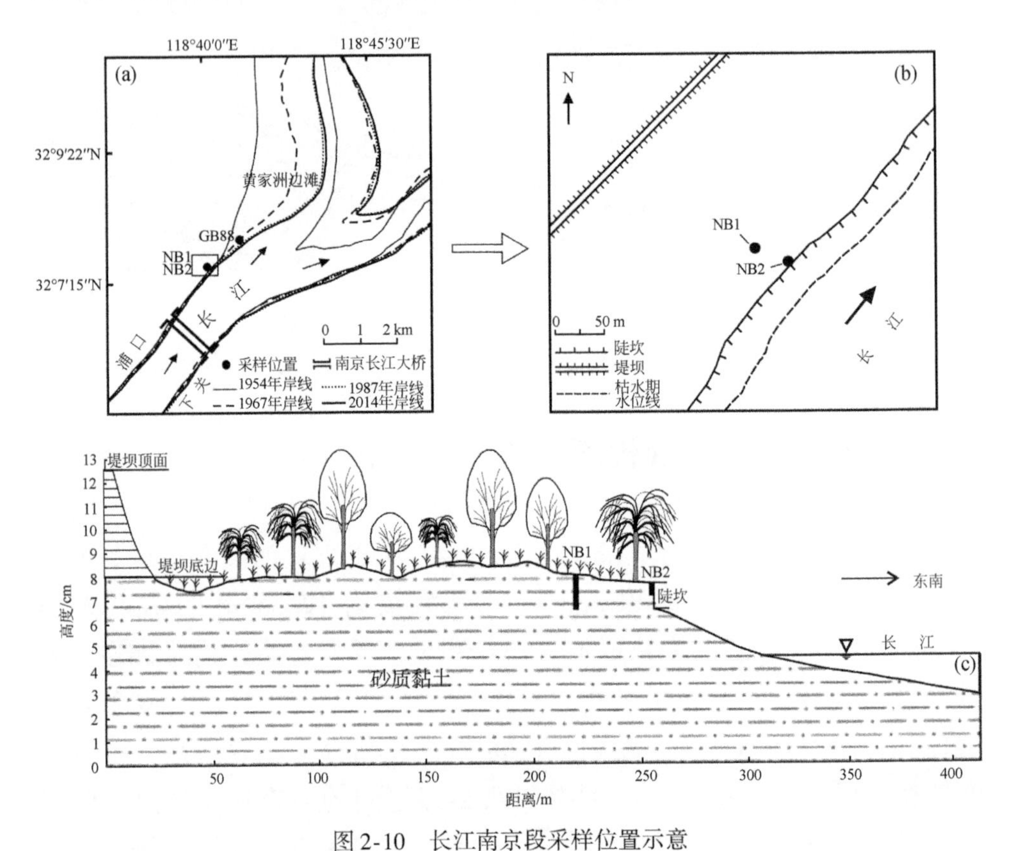

图 2-10　长江南京段采样位置示意

（a）长江南京段采样点附近河道演变图（1954～2014 年）；（b）NB1 和 NB2 孔采样位置示意；（c）采样点位置河漫滩剖面

2.3.2　长江镇江段现代河漫滩沉积岩心

长江镇江段右岸临南京—镇江山脉北麓，除龙门口岸段为冲积层

外，主要为下蜀黄土阶地，抗冲性强，岸线较稳定或呈淤积状态（张

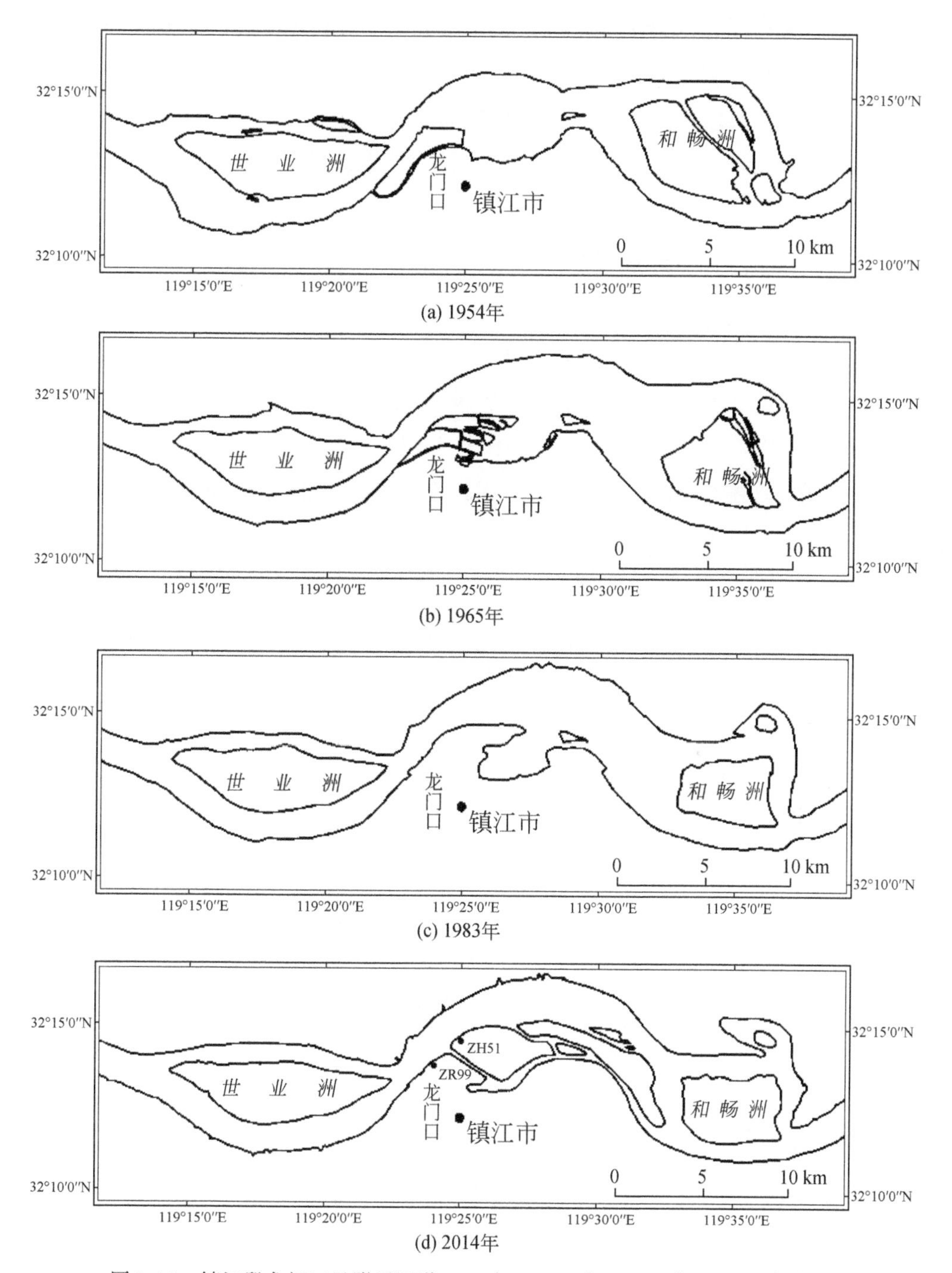

(a) 1954年

(b) 1965年

(c) 1983年

(d) 2014年

图 2-11 镇江段龙门口及附近河道 1954 年、1965 年、1983 年和 2014 年岸线

增发等，2011)。由图2-11可见，镇江段右岸自1954年以来总体较为稳定，其中龙门口及下游河段淤积较为明显。ZR99孔位于河道右岸龙门口一带的河漫滩边缘，距河床较近，有石块护岸，滩面边缘有柳树和芦苇生长；ZH51孔附近河漫滩是最近20多年来快速淤涨形成的，随着河漫滩的不断淤高，芦苇快速生长，采样点位于芦苇中心区域。

2.3.3 沉积岩心分样及工作量

为防止沉积样品污染，在现场对沉积岩心进行分样。NB1孔所在河段岸线稳定，自1954年以来基本没有变化［图2-4，图2-11（b）］，河漫滩沉积以垂向加积为主，保留了丰富的沉积环境信息。为实现对NB1孔的高分辨率探讨，我们对NB1孔按照1 cm间隔分样，获得173个沉积样品，并对这173个沉积样品进行粒度、磁化率分析。为了解NB1孔的年代信息和元素地球化学信息，对NB1孔编号为单数的87个沉积样品进行^{137}Cs比活度测试和地球化学元素含量测试。NB2孔位于河漫滩露头，为防止污染和破坏，在现场用塑料薄膜将NB2孔封好，带回实验室处理。为了解微层理保存的环境信息，对NB2孔按2 mm间隔进行XRF岩心扫描，分别获得226个常量元素和微量元素数据。根据图2-11（b），GB88孔位于河岸边缘，该河岸岸线自1954年到20世纪80年代持续向右岸迁移，此后保持稳定。为了解GB88孔的沉积特征及环境，对GB88孔按2 cm间隔分样，获得88个沉积样品，并对这88个沉积样品进行粒度、磁化率分析。ZR99孔位于镇江段龙门口一带的河漫滩上，该河漫滩自1954年以来持续变化（图2-11）。为了解ZR99孔的沉积特征及环境，对ZR99孔按2 cm间隔分样，获得99个沉积样品，并对这99个沉积样品进行粒度、磁化率分析。ZH51孔位于镇江码头近20年来快速淤积形成的河漫滩上，为了解ZH51孔的沉积特征及环境，对ZH51孔按2 cm间隔分样，获得51个沉积样品，并对这51个沉积样品进行粒度、磁化率分析。根据以上情况，将本研究完成的工作量进行统计，见表2-3。

表 2-3　研究工作量　　（单位：个）

分析方法	备注	分析对象	完成样品数量
粒度分析	—	NB1、GB88、ZR99、ZH51	411
磁化率测定	—	NB1、GB88、ZR99、ZH51	411
^{137}Cs 比活度测定	—	NB1	87
X 射线荧光光谱分析法	压饼法	NB1	87
	熔融法	NB1	87
岩心扫描分析	按 2 mm 间隔扫描	NB2	226

第3章 环境指标及实验分析

3.1 粒度分析

3.1.1 粒度特征与沉积环境

自然界不同沉积环境和沉积机制（搬运介质、地形条件和水动力条件等）形成的沉积物具有不同的粒度特征，它是碎屑沉积物按自身颗粒大小以不同的方式搬运和沉积形成的（徐馨等，1992）。粒度分析是碎屑沉积物分析的基本手段，对于判断沉积物的搬运介质与动力、沉积环境、物质来源等具有重要意义（徐馨等，1992；田明中和程捷，2009）。由于具有测定简单快速、物理意义明确、不受生物作用影响、对气候变化反应灵敏等特点，粒度分析被广泛用于河流沉积（陈志清，1997；Yang et al.，2000；Benito et al.，2003a；Knox and Daniels，2002；Vis et al.，2010；李长安等，2009；赵景波等，2009）、风成堆积（如黄土堆积）（刘东生，1985；鹿化煜和安芷生，1998；An et al.，2001；张振克等，2006，2007）、湖泊沉积（张振克等，1998；曹建廷等，2000；吴敬禄等，2000；羊向东等，2001）、海洋和潮滩沉积（Gao and Collins，1992；周蒂，1999；石学法等，2002；贾建军等，2005）等的研究中。对于水成沉积物而言，其沉积物的粒度分布主要受物质来源、水动力条件、地貌位置、沉淀历史等因素的影响（任明达和王乃梁，1985）。粒度参数以一定数值定量表示碎屑物质的粒度特征，单个粒度参数及其组合特征可作为判别沉积物物质来源、沉积水动力条件、沉积环境及其变化的依据。常用的粒度参数有平均粒径（Mz）、中值粒径（Md）、分选系数（σ）、偏态（Sk）和峰态（Ku）等。根据对数矩量法（logarithmic method of moments）的计算公式，各粒径参数的计算公式为

$$\mathrm{Mz}=\frac{\sum fm}{100}$$

$$\mathrm{Md}=\varphi_{50}$$

$$\sigma=\sqrt{\frac{\sum f(m-\mathrm{Mz})^2}{100}}$$

$$\mathrm{Sk}=\frac{\sum f(m-\mathrm{Mz})^3}{100\sigma^3}$$

$$\mathrm{Ku}=\frac{\sum f(m-\mathrm{Mz})^4}{100\sigma^4}$$

式中，f 代表某一粒级的重量百分比；m 代表每一粒级的中值。各参数分级见表 3-1。

表 3-1　沉积物粒度参数分级标准

分选性		偏态		峰态	
分选程度	σ	偏态描述	Sk	峰态描述	Ku
分选极好	<0.35	—	—	—	—
分选好	0.35 ~ 0.50	极负偏/极粗偏	<-1.30	很宽	<1.70
分选较好	0.50 ~ 0.71	负偏/粗偏	-1.30 ~ -0.43	宽	1.70 ~ 2.55
分选中等	0.71 ~ 1.00	对称	-0.43 ~ 0.43	中等	2.55 ~ 3.70
分选较差	1.00 ~ 2.00	正偏/细偏	0.43 ~ 1.30	窄	3.70 ~ 7.40
分选差	2.00 ~ 4.00	极正偏/极细偏	>1.30	非常窄	>7.40
分选极差	>4.00	—	—	—	—

平均粒径主要用来反映沉积物的粗细，代表沉积物粒度分布的集中趋势。中值粒径是指累积曲线上颗粒含量为 50% 处时对应的沉积物粒径，沉积物粒径有一半重量的颗粒小于中值粒径，有一半重量的颗

粒大于中值粒径。平均粒径和中值粒径既可以代表粒度分布的集中趋势，也可以反映沉积介质的平均动能，即沉积水动力条件的强弱变化。粗颗粒沉积物出现在高能沉积动力环境下，而细颗粒沉积物出现在低能沉积动力环境下，因而沉积物的颗粒大小可以直接反映沉积水动力的大小（谢又予，2000）。

分选系数用来表示颗粒大小的均匀程度。沉积物颗粒越均匀，主要粒径越突出，则分选系数越小，沉积物分选性越好；反之，沉积物粒级分布范围越广，主要粒径越不突出，则分选系数越大，沉积物分选性越差。沉积物的分选系数与自然地理条件和物质搬运中水动力条件的稳定性密切相关。

偏态用来表示频率曲线的对称性，反映沉积物中粗颗粒占有的比例。偏态为负值（即负偏），表明峰偏向细粒度一侧，沉积物以细颗粒组分为主；偏态为正值（即正偏），表明峰偏向粗粒度一侧，沉积物以粗颗粒组分为主。偏态与分选密切相关，分选性好的沉积物，频率曲线一般是对称的，偏态一般为近对称或对称；当有其他或粗或细的沉积物加入时，分选变差，频率曲线表现为不对称，偏态一般为正偏态或负偏态（李瑜琴，2009）。

峰态用来说明粒度曲线相较于正态频率曲线的尖锐或钝圆程度，可以反映沉积物颗粒粒径的集中程度，峰态值越小，峰态越窄。

3.1.2 粒度分析方法

粒度分析使用的仪器是英国 Malvern 公司生产的 Mastersizer2000 型激光粒度仪，仪器测量的粒级分辨率为 0.1 φ，相对误差<3%。沉积样品的预处理分4 个步骤：第一步，洗出沉积样品中的盐分，将2 g 左右的样品置于烧杯，加入蒸馏水后使用玻璃棒搅拌均匀，静置 24 h 后，用吸管把烧杯中的水轻轻吸出；第二步，去除样品中的有机质，在烧杯中加入浓度为10%过氧化氢溶液，用玻璃棒搅拌，直至没有气泡产生，静置24 h 后用吸管轻轻地把烧杯中的水吸出；第三步，去除

钙质胶结物；向烧杯中加入浓度为10%的盐酸溶液，用玻璃棒搅拌均匀，再静置24 h，继续用吸管轻轻地把烧杯中的水吸出；第四步，使样品充分地分散，在样品中加入浓度为10‰的六偏磷酸钠后静置24 h。样品预处理完成后，对样品进行测试，首先清洗仪器3～5遍，向烧杯中注入清水后，开启激光粒度仪测量清水的背景值；然后将预处理后的样品加入测量烧杯，为进一步充分分散样品，使用超声波震荡样品30 s，待形成均匀的悬浊液后开始测量；最后利用仪器自带软件按1/4 φ间隔导出粒度分布数据，粒度参数的计算采用GRADISTAT粒度处理软件（Blott and Pye，2001）。

3.2 磁化率分析

3.2.1 磁化率的环境意义

自20世纪70年代Oldfield和Thompson创立环境磁学以来，作为一个重要的环境指标，磁化率得到了越来越广泛的应用（Thompson and Oldfield，1986）。磁化率是表征沉积物磁性特征的参数之一，是环境变迁等方面的重要代用指标，在黄土沉积（刘秀铭等，1990；An et al.，1991；Maher and Thompson，1991）、湖泊沉积（Yu et al.，1990；吴瑞金，1993；张振克等，1998；张振克和吴瑞金，2000）、海洋沉积（葛淑兰等，2001）等研究领域发挥着重要作用，特别是在深海沉积物的研究中，磁化率和$\delta^{18}O$同位素曲线有很好的对应关系（Thompson and Oldfield，1986）。在重金属污染监测、环境污染指示、大气污染颗粒物来源以及污染历史等研究领域，环境磁学也得到成功运用（俞立中，1999）。

河流沉积是地表重要的沉积类型，其磁性矿物主要有三种来源：第一是河底基岩冲刷和河岸剥蚀产生的颗粒；第二是流域地表土壤侵蚀产生的颗粒；第三是降水和大气沉降带来的磁性颗粒（Thompson and Oldfield，1986）。河漫滩沉积环境复杂，作为河流沉积的重要组成部分，河漫滩被洪水周期性淹没，并接受洪水挟带而来的河流上游地区或本地的沉积物，且在温度、湿度条件适宜的情况下，河漫滩上植被发育。这些特点使得河漫滩具有物源丰富、沉积水动力复杂、沉积化学环境多样、有机质含量丰富等特点，影响河漫滩沉积磁化率。探讨河漫滩沉积磁化率特征有助于揭示河漫滩沉积的环境，具有重要的研究意义。

3.2.2 磁化率的实验方法

本研究使用英国 Bartington 公司生产的 MS2 型磁化率测量仪测试样品磁化率。将样品自然风干、敲碎（不损伤自然颗粒为度，以防破坏样品中的晶粒结构），将重量为 9.95 ~ 10.077 g 的样品装入容量为 10 ml 的样品测量盒，在远离磁场干扰的情况下用 MS2-B 的双频探头对高频（4.7 kHz）和低频（0.47 kHz）磁化率各测 3 次，取其平均值作为每个样品的高频磁化率（x_{lf}）和低频磁化率（x_{hf}），然后计算样品的频率磁化率 $x_{fd\%}=100(x_{lf}-x_{hf})/x_{lf}$。

3.3 地球化学元素分析

3.3.1 地球化学元素的环境意义

沉积物的元素地球化学特征是研究沉积物组成的重要指标之一，受沉积物地质背景、风化作用、沉积水动力、人类活动等因素影响。地球化学元素在母岩风化剥蚀后，在各种搬运介质的作用下进入河漫滩，这些河漫滩沉积物中保留了大量的地球化学信息，记录了流域环境变化和沉积物的物源信息。过去 20 年来，国内外学者对河流沉积物的地球化学特征进行了大量研究（张立成等，1983；Li et al.，1984；

张朝生等，1995；陈静生等，2000；Viers et al.，2009；Ding et al.，2011)，并根据河流沉积物的元素组成特征探讨流域物源区母岩组成（李娟等，2012）、风化作用（屈翠辉等，1984；Zhao and Yan，1992；张朝生，1998）、沉积水动力（王敏杰等，2010）、人类活动对沉积物元素组成的影响（林春野等，2008；盛菊江等，2008；刘明和范德江，2010)，还有许多研究根据沉积物元素地球化学元素特征探讨了沉积物的物质来源（Yang and Li，2000；范德江等，2002；Yang et al.，2002)。但是关于河漫滩沉积元素地球化学特征及其影响因素的研究还有待加强。

3.3.2 X 射线荧光光谱分析

(1) 熔片法

常量元素的实验分析使用熔片法，首先将样品研磨，再取适量研磨过的样品，用四硼酸锂（$Li_2B_4O_7$）、偏硼酸锂（$LiBO_2$）作熔融剂，用溴化锂（LiBr）作脱离剂，最后将这些试剂放入专用铂金坩埚（95% Pt 和 5% Au)，为使样品彻底熔化，用 900 ~ 1000 ℃高温加热 20 min 左右后冷却 3 min 左右，形成半透明的熔片；常量元素的测量使用 X 荧光光谱分析法，常量元素中 Al_2O_3 的绝对误差为±0.2%，SiO_2的绝对误差为±0.5%，其他常量元素的绝对误差均<0.2%。

(2) 粉末压片法

本研究采用粉末压片法测试沉积物中的微量元素含量，粉末压片法不需要做复杂的前处理，操作简单、快速、测定灵敏度高，且可做无损测量；但是粉末压片法对样品颗粒的均匀性要求很高，需将样品研磨并过筛。其样品前处理过程为：取 3 ~ 10 g 磨好的粉样，放入直径为 35 mm 塑料环中，加 20 t 压力成形。压出的片厚度在 2 ~ 4 mm，且要牢固、平整、无裂痕。

3.3.3 X 射线荧光光谱岩心扫描分析

本研究利用 XRF Core Scanner 对 NB2 孔进行岩心扫描测试。岩心扫描分析具有分辨率高、连续性好以及人为误差引入较少等优势（Weltje and Tjallingii，2008）。测试前需消除岩心表面的缝隙、孔洞等，使岩心表面平整，其上覆盖该仪器测试专用的 4 mm 厚的薄膜（SPEX Certi Prep Ultralene），保证薄膜与样品完全接触，减小膜下气泡等因素导致的人为误差。岩心表面覆膜是为了避免仪器污染，并且可以防止岩心脱水。NB2 孔样品的测试分辨率为 2 mm，仪器的测试电压分为 10 kV、30 kV 和 50 kV，可获得 Al-U 各元素相对含量特征，单位为 counts。本研究一共提取了 14 个元素，分别是在 10 kV 电压下探测的元素中提取的 Al、Si、K、Ca、Ti、Cr、Mn、Fe；在 30 kV 电压下探测的元素中提取的 Zn、Pb、Rb、Sr、Zr；在 50 kV 电压下探测的元素中提取的 Ba。

3.4 ^{137}Cs 时标计年原理及其实验分析

3.4.1 ^{137}Cs 时标计年原理

^{137}Cs 是一种人工放射性元素，半衰期是 30.2 年，是用于现代河漫滩沉积物年代（小于 100 年）测定的有效方法（Walling and Owens，2003）。早在 1945 年第一颗原子弹爆发时便开始了大气核试验的局部放射性沉降，而全球范围的核素沉降却始于 1952 年末，其可被明显检测到的最早年份是 1954 ~ 1955 年（Pennington et al.，1973；DeLaune et al.，1978；Cambray et al.，1989）。1958 ~ 1968 年是^{137}Cs 的主要沉积期，由于掌握核技术的国家越来越多，1961 ~ 1962 年全球出现了核试验的加速期，核爆炸达到高峰，80% 以上的全球大气层核试验总裂变

当量集中在这个时期（Appleby et al.，1990；潘少明等，1997）。大气中的^{137}Cs一般在经过10～12个月的滞留期后沉降到地面，进入水体的^{137}Cs往往被细颗粒沉积物吸附后发生沉积并被埋藏，因此^{137}Cs的最大峰值出现在1963年左右，并成为国内外公认的断代标志（张信宝等，1989；姚书春等，2005）。随着1963年8月《部分禁止核试验条约》的签署，主要核试验国家应约停止大气核试验，使得1964年以后大气^{137}Cs沉降逐渐减少（张燕等，2005）。然而部分未参加《部分禁止核试验条约》的国家地上核试验使得大气^{137}Cs沉降再一次小幅度增加。我国在1964年10月开始核试验，并在20世纪60年代末到70年代中期集中进行了大气核试验，这一时期的核试验总次数虽然远不及60年代初期美国、苏联等国的核试验规模，对世界范围内^{137}Cs沉降的贡献也有限，但对局部地区^{137}Cs沉降有明显影响，使得部分地区产生了一个可辨识的^{137}Cs蓄积峰（Appleby et al.，1990；万国江等，1990；项亮等，1996a；Jha et al.，2003；陈发虎等，2007）。最后一个峰值检出深度对应1986年时标，是1986年苏联切尔诺贝利核事故的产物（项亮等，1996b），这次事故造成相当数量的^{137}Cs被释放到大气中，较明显地影响了^{137}Cs在全球的分布，并在沉积物上产生了一个沉降峰值。因此，^{137}Cs的三个蓄积峰分别对应于1963年、1974年和1986年。

3.4.2 ^{137}Cs比活度测定

将NB1孔岩心沉积物样品经风干、研磨，并在105 ℃下烘至恒重，用精度为0.001 g的天平秤取100 g，摇匀使样品表层在容器中较为平整，放于杯中待测。样品的测试使用美国EG&GORTEC公司生产的高纯锗探测器、数字化谱仪及多通道分析系统，测量时间为40 000 s（实时），^{137}Cs的比活度由661.6 keV处的γ射线潜峰面积获得，标准样品由中国原子能科学研究院提供。该γ谱仪对1.33 MeV的能量分辨率为2.25 MeV，相对探测效率为62%，峰康比大于60∶1，稳定性较好。

第4章　研究结果

4.1　长江南京—镇江段现代河漫滩沉积特征

4.1.1　河漫滩沉积岩性特征

基于河流地貌与沉积学的调查和分析方法，结合 NB1 孔、NB2 孔、GB88 孔、ZR99 孔和 ZH51 孔沉积物的颜色、沉积结构与沉积构造，对各岩心岩性特征物进行研究。长江南京—镇江段 5 个现代河漫滩沉积岩心如图 4-1 所示。

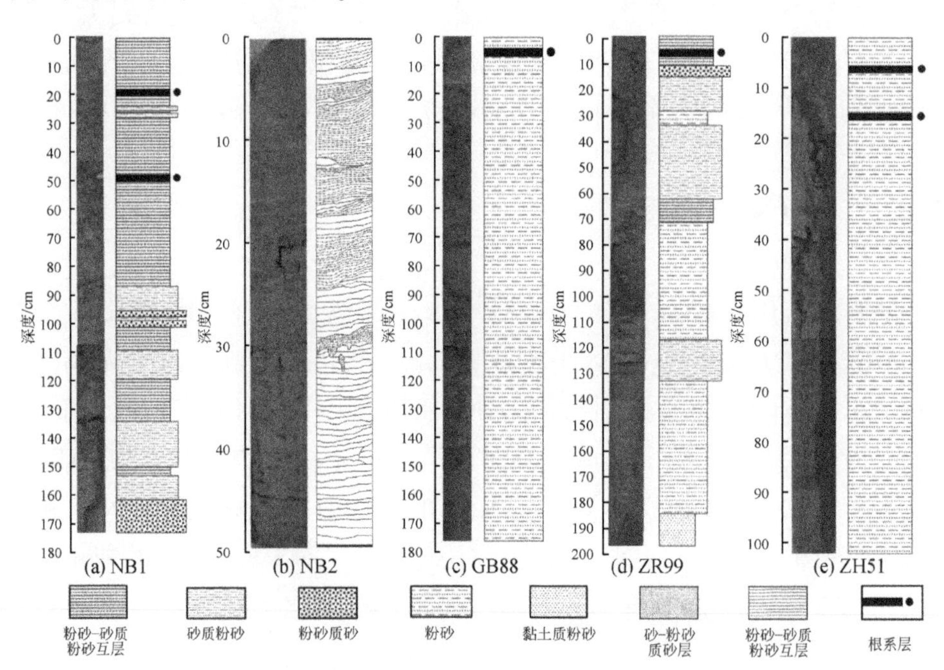

图 4-1　长江下游南京—镇江段河漫滩岩心沉积岩性示意

（1）NB1 孔岩性特征

NB1 孔沉积物的颜色以灰色和棕色为主，沉积组分以粉砂为主，层理构造主要是水平层理，且多为粉砂-砂质粉砂互层，沉积孔上部有较多根系。根据岩性特征，NB1 孔可划分为 12 层，各层岩性特征见表 4-1。

表 4-1 NB1 孔岩性特征

深度	岩性描述
0 ~ 24 cm	棕灰色，发育水平层理，中粉砂为主，20 cm 处有较多植物根系
24 ~ 28 cm	暗灰棕色，发育水平层理，粉砂-砂质粉砂互层
28 ~ 86 cm	28 ~ 46 cm 为暗棕灰色，含有较多有机质；46 ~ 80 cm 为暗棕色，50 cm 附近有明显植物根系；80 ~ 86 cm 为暗棕灰色，83 cm 附近有一些植物根系；整段为粉砂-砂质粉砂互层
86 ~ 95 cm	暗棕灰色，水平层理发育，为砂质粉砂
95 ~ 101 cm	暗棕灰色砂质粉砂与灰棕色粉砂质砂互层，以灰棕色粉砂质砂为主
101 ~ 109 cm	暗灰棕色，发育水平层理，为粉砂-砂质粉砂互层
109 ~ 119 cm	灰棕色，层理不明显，为砂质粉砂
119 ~ 133 cm	灰棕色，发育水平层理，为粉砂-砂质粉砂互层
133 ~ 150 cm	灰棕色，层理不明显，为砂质粉砂
150 ~ 153 cm	灰棕色，发育水平层理，为粉砂-砂质粉砂互层
153 ~ 161 cm	灰棕色，层理不明显，为砂质粉砂
161 ~ 173 cm	灰色，无明显层理，全部为粉砂质砂

（2）NB2 孔岩性特征

NB2 孔颜色以灰棕色和灰色为主，沉积组分主要为粉砂，水平层理发育，且主要为互层构造。根据岩性特征，NB2 孔可划分为两层，各层岩性特征见表 4-2。

表 4-2 NB2 孔岩性特征

深度	岩性描述
0 ~ 245 mm	灰棕色，砂-粉砂质砂互层
245 ~ 496 mm	灰色，粉砂-砂质粉砂互层

（3）GB88 孔岩性特征

GB88 孔沉积物颜色以灰色、棕色为主，沉积组分主要为粉砂，可见水平层理构造，沉积孔上部有植物根系。根据岩性特征，GB88 孔可划分为 4 层，各层岩性特征见表 4-3。

表 4-3　GB88 孔岩性特征

深度	岩性描述
0～26 cm	浅棕色，层理不明显，主要为粉砂，内含较多植物根系，植物根系扰动明显
26～60 cm	棕色，水平层理发育，主要为粉砂
60～114 cm	棕色，层理不明显，有团块，团块为灰色、褐色交替发育
114～176 cm	灰棕色，层理不明显，质地较密

（4）ZR99 孔岩性特征

ZR99 孔沉积物颜色主要为灰色和棕色，沉积组分以粉砂为主，偶见水平层理，沉积孔上部有植物根系。根据岩性特征，ZR99 孔可划分为 10 层，各层岩性特征见表 4-4。

表 4-4　ZR99 孔岩性特征

深度	岩性描述
0～12 cm	暗棕色，发育水平层理，为粉砂-砂质粉砂互层，在 6 cm 处含较多植物根系
12～16 cm	浅棕色，层理不发育，为细砂层
16～30 cm	灰棕色，层理不发育，为砂质粉砂层
30～35 cm	棕色，层理不发育，为粉砂层
35～63 cm	浅棕色，层理不发育，为砂质粉砂层
63～72 cm	棕色，发育水平层理，为粉砂-砂质粉砂互层
72～118 cm	暗棕色，层理不发育，为粉砂层
118～134 cm	棕褐色，层理不发育，为砂质粉砂层
134～185 cm	灰色，层理不发育，为粉砂层
185～198 cm	灰色，层理不发育，为黏土质粉砂层

（5）ZH51 孔岩性特征

ZH51 孔沉积物颜色主要为灰色、棕色，沉积组分以粉砂为主，沉积孔上层含较多植物根系。根据岩性特征，ZH51 孔可划分为两层，各层岩性特征见表 4-5。

表 4-5　ZH51 孔岩性特征

深度	岩性描述
0 ~ 48 cm	棕色，无明显层理，主要为粉砂，含较多植物根系
48 ~ 102 cm	灰色，无明显层理，主要为粉砂质黏土

4.1.2　河漫滩沉积构造

河漫滩沉积岩性特征表明，长江南京—镇江段现代河漫滩沉积水平层理发育，这些水平层理是沉积物随洪水漫上滩地呈面状展开后形成的。

图 4-2　河漫滩沉积露头中的厚层泥样沉积和砂层

在南京长江大桥下游，河漫滩靠近河道的前缘发育河漫滩沉积露头，这些露头清晰地显示了河漫滩的沉积构造。现场考察发现，这些露头中包含一系列由粉砂、砂质粉砂和黏土质粉砂组成的泥样加积层。如图4-2所示，河漫滩沉积露头中包含两个厚度分别为25 cm和35 cm的泥样加积层，两个泥样加积层之间包含一个厚度为几厘米的砂层，表明河漫滩沉积是不连续的，其形成原因主要是洪水的发生具有季节性，导致河漫滩沉积的加积也具有季节性。

在实验室内，对在露头上采集的NB2孔进行切割。在更小的尺度上，NB2孔包含许多非常有趣的沉积构造。首先，泥样加积层内包含许多毫米级的沉积亚层，这些沉积亚层被厚度为毫米级的砂层分隔（图4-3），砂层的上表面和下表面主要由砂砾组成［图4-3（a）和图4-3（b）］。薄层的粗细交互层理，反映了河漫滩上洪水流过期间水

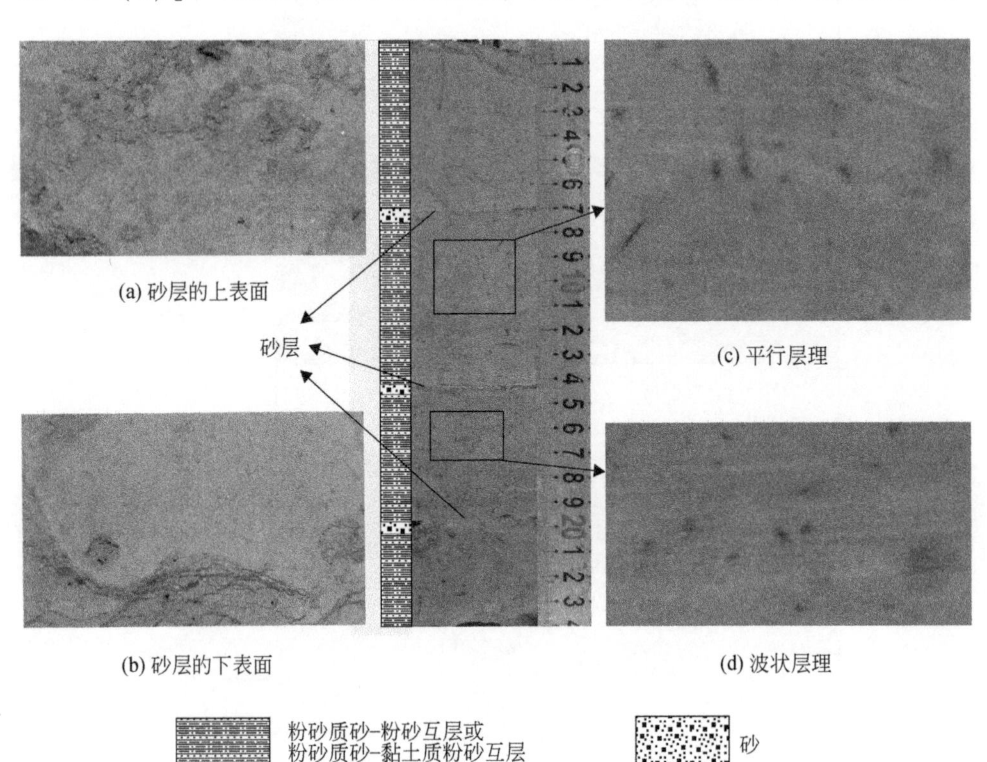

图4-3　泥样沉积中的微层理构造

动力时强时弱的脉动性，细砂层可能为洪水强度最大时的沉积。其次，这些沉积亚层多为平行层理［图4-3（c）］，局部可见波状层理［图4-3（d）］，并且剖面内含有较多有机质碎屑。这些薄层的水平层理构造通常是水流速度极为缓慢时由细小悬浮物质沉积而成；波状层理则是由沉积介质的往复振荡或者水流的前进运动造成，多形成于水深比较浅的滩面上（詹道江和谢悦波，2001）。

单层厚度为毫米级的薄层状层理构造不仅是NB2孔的构造特征，也是长江南京—镇江段普遍发育的沉积构造类型。如图4-4所示，河漫滩沉积水平层理发育，其中的单个沉积层层厚多为0.5～3 mm，为粉砂或黏土质粉砂与砂互层，层与层之间非常容易剥离。

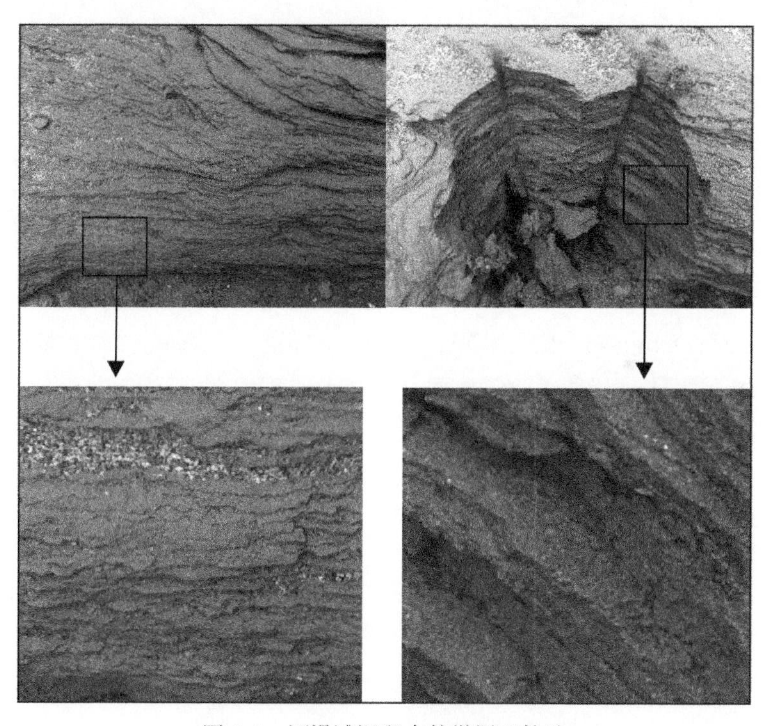

图4-4　河漫滩沉积中的微层理构造

在野外调查中，还发现了其他有趣的沉积构造，如河漫滩沉积在洪水后露出水面，暴露在空气中，容易形成泥裂，每个泥裂面积为10～25 cm^2（图4-5）。

图 4-5　河漫滩表层的泥裂

4.1.3　河漫滩沉积特征的环境意义

许多河流形态的研究从地质学的角度探讨河流的起源（Wang et al., 2002；Chen et al., 2009；Zheng et al., 2013），河漫滩或阶地上的垂向加积层是河道演变的重要档案库。更早的河漫滩沉积往往是特大洪水的地质证据（O'Connor et al., 1994；Yang et al., 2000；Benito et al., 2003a）。一般而言，河漫滩沉积包含两个沉积单元，颗粒较粗的沉积单元在底部，颗粒较细的沉积单元在上部，构成河漫滩上粗下细的二元沉积结构。本研究选择的南京—镇江段现代河漫滩沉积物颗粒较细，没有砂砾及以上的粗颗粒物质，这主要是由于长江沉积物中的大部分粗颗粒物质沉积在上中游的河道或者水库中，使得长江下游地区河流河漫滩沉积物颗粒较细。

南京—镇江段现代河漫滩沉积特征比较复杂。河漫滩边缘沉积露头剖面中看似厚层的泥质沉积，包含许多薄层的粗细交互沉积层，厚度在毫米级，还存在砂层，对应大洪水沉积。因此，典型河漫滩的二元结构，尤其是河漫滩的上部细颗粒沉积，显得非常复杂，河漫滩的沉积学研究有待深化。在河口三角洲和平原地区沉积环境的研究中，往往将灰色的有薄层理的泥质沉积层作为河湖相沉积类型（Gong and Chen，1997；Cui et al，2009），但在南京—镇江段，这些有薄层理、看似泥质沉积层则形成于河流地貌的河漫滩沉积环境中，因此，本研究的发现有助于更细致地认识河漫滩沉积特征和沉积构造。在未来的研究中，还可以进一步探讨这些薄层的二元沉积构造的形成机制。其形成主要受什么因素影响，是洪水流量的变化？水位的变化？河漫滩上洪水深度的变化？还是河漫滩上洪水流速的变化？为回答这些问题，在以后的研究中需要更多的证据和野外观测。

4.1.4 小结

长江南京—镇江段现代河漫滩沉积以灰色、棕色为主；沉积物颗粒较细，主要包括黏土质粉砂、粉砂、砂质粉砂和少量的砂。河漫滩露头发育厚为 20 ~ 30 cm 的泥样加积层，泥样加积层间发育几厘米厚的砂层。泥样沉积层内包含许多毫米级的薄层理，主要为粗细交互层理，这些层理以水平层理为主，局部发育波状层理。滩面泥裂构造广布。因此需要进一步探讨河漫滩沉积中薄层二元沉积构造的形成机制和影响因素。

4.2 长江南京—镇江段现代河漫滩沉积的粒度特征与沉积环境

4.2.1 南京段河漫滩沉积的粒度特征

（1）NB1 孔的粒度特征

NB1 孔的粒度特征如图 4-6 所示，其中 NB1 孔沉积物的粒度组成以粉砂为主，含量在 27.82%~83.39%，平均含量为 63.57%；其次为砂，含量在1.22%~68.77%，变幅较大，平均含量为23.72%；黏土含量最少，含量在3.41%~19.56%，平均含量为12.71%。沉积岩心平均粒径在3.90~6.72 φ，平均值为5.55 φ。分选系数在1.50~2.26，平均值为1.94，分选性主要为较差或差。偏态在-0.35~2.03，平均值为0.53，平均偏态值为正偏，显示NB1孔沉积物以较粗组分为主。峰态在2.45~7.57，平均值为3.22。

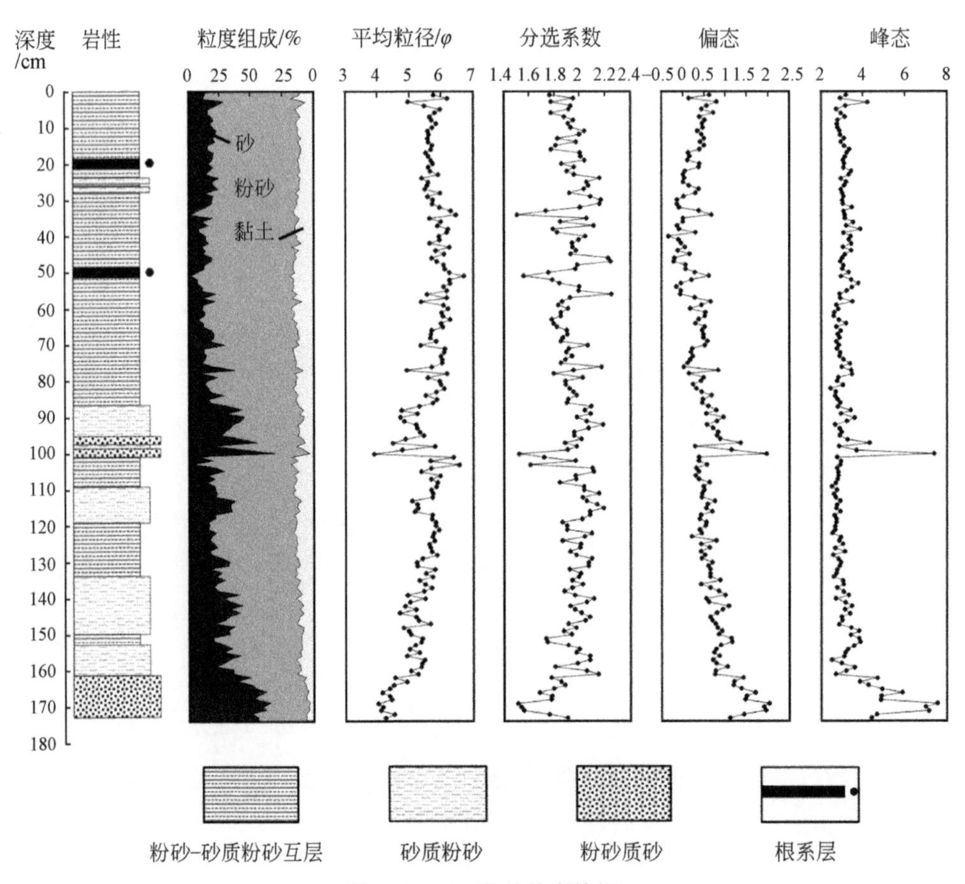

图4-6　NB1孔的粒度特征

为分析NB1孔粒度在垂向上的变幅，计算粒度参数及砂、粉砂、黏土组分的变异系数。平均粒径和分选系数的变异系数分别为9.65%和7.24%，为弱变异；峰态、粉砂和黏土含量的变异系数分别为24.98%、16.84%和24.79%，为低度变异；偏态和砂含量的变异系数分别为81.75%和56.03%，为中度变异；各粒度组分和粒度参数在垂向上的变幅表明NB1孔沉积环境复杂，水动力变化较大。

在垂向上，根据NB1孔的粒度组成，可以划分为12层，分别为：①0～24 cm为粉砂-砂质粉砂互层，砂、粉砂和黏土含量均值分别为17.95%、69.76%、12.29%；各粒度参数在该层总体稳定，变幅较小。②24～28 cm主要为粉砂-砂质粉砂互层，在24～28 cm处沉积物粒度增大，主要为砂质粉砂，砂、粉砂和黏土含量均值分别为21.40%、66.87%、11.73%；各粒度参数有小幅波动。③28～86 cm为粉砂-砂质粉砂互层，砂、粉砂和黏土含量均值分别为14.30%、71.00%、14.70%；各粒度参数有小幅波动，其中分选系数在沉积岩心的39 cm和51 cm处出现较小值，分别为1.82和1.56，在47 cm和56 cm处出现较大值，分别为2.25和2.26，其中56 cm的分选系数为沉积岩心最大值。④86～95 cm为砂质粉砂层，砂、粉砂和黏土含量均值分别为35.76%、53.36%、10.88%；该层沉积物平均粒度增大，分选系数变差。⑤95～101 cm为砂质粉砂层，最大砂含量为68.77%；该层沉积物的平均粒径明显增大，100 cm处的平均粒径为3.88 φ，是沉积岩心最大值；分选系数明显变小，100 cm处的分选系数为1.52；偏态明显增大，在100 cm处的值为1.97，为极正偏；峰态在100 cm处的值为7.42，峰态很窄。⑥101～109 cm为粉砂-砂质粉砂互层，砂、粉砂和黏土含量均值分别为17.11%、67.74%、15.15%。⑦109～119 cm为砂质粉砂层，砂、粉砂和黏土含量均值分别为25.73%、60.37%、13.90%。⑧119～133 cm为粉砂-砂质粉砂互层，砂、粉砂和黏土含量均值分别为21.96%、63.96%、14.08%。⑨133～150 cm为砂质粉砂层，砂、粉砂和黏土含量均值分别为31.22%、57.72%、11.06%。⑩150～153 cm为粉砂-砂质粉砂互层，砂、粉砂和黏土含量均值分别为22.62%、67.18%、10.20%。⑪153～161 cm为砂质粉砂层，砂、粉砂和黏土含量均值分别为31.84%、56.84%、11.32%；沉积岩心从第7层到第11层，沉积物平均粒径由下往上波动增长，偏态和峰态小幅波动。⑫161～173 cm为粉砂质砂层，为沉积岩心粒度最大的层位，砂、粉砂和黏土含量均值分别为 53.25%、40.28%、6.47%；平均粒径较大，均值为 4.43 φ，指示沉积水动力较大；分选系数均值为 1.77，分选性为较差；偏态和峰态均较大，均值分别为 1.47 和 5.14，为极正偏，窄峰态，表明沉积物以粗组分为主，粗组分的分布比较集中。

（2）GB88 孔的粒度特征

GB88 孔的粒度特征如图 4-7 所示，其中 GB88 孔沉积物的粒度组成以粉砂为主，含量在 66.77%~78.68%，平均含量为 74.36%；其次为黏土，含量在 11.53%~23.26%，平均含量为 18.02%；砂含量最少，含量在 2.16%~19.41%，平均含量为 7.62%。沉积岩心平均粒径在 5.76 ~6.87 φ，平均值为 6.39 φ，显示沉积水动力较小。分选系数

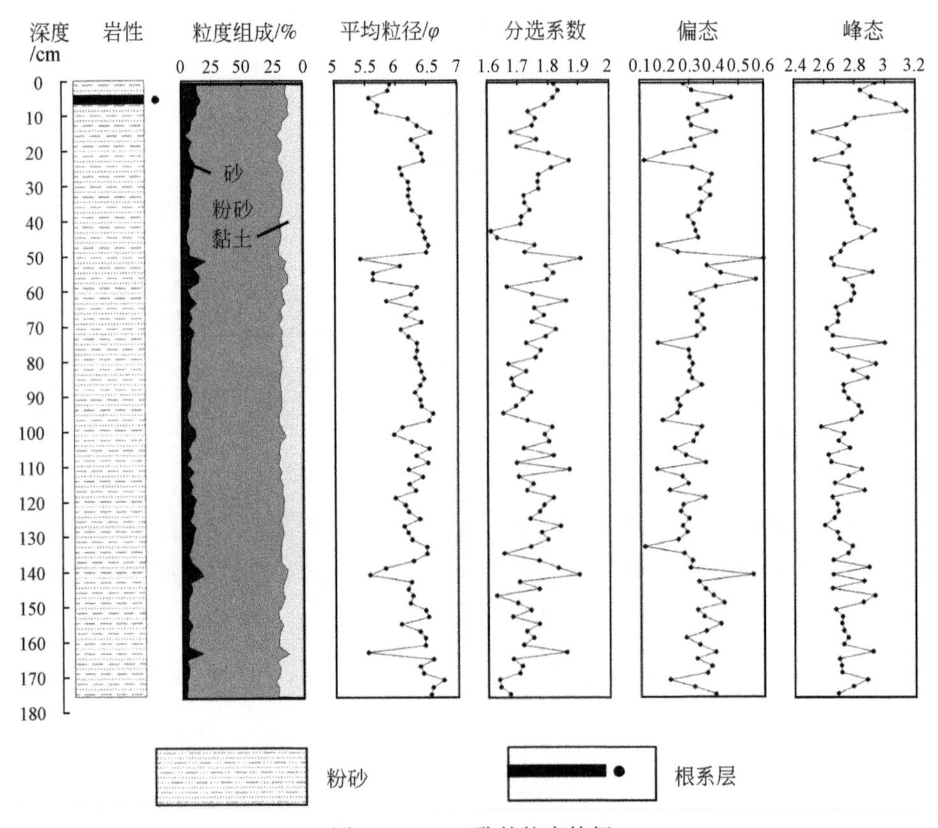

图 4-7　GB88 孔的粒度特征

在1.61～1.91，平均值为1.75，分选性为较差。偏态在0.12～0.60，平均值为0.32，偏态主要为对称、正偏。峰态在2.52～3.14，平均值为2.76，峰态中等。

就GB88孔剖面粒度组成及粒度参数的变幅而言，平均粒径、分选系数、峰态和粉砂含量的变异系数分别为3.79%、3.56%、3.91%和2.48%，为弱变异；偏态和黏土含量的变异系数分别为25.17%和13.31%，为低等变异；砂含量的变异系数为45.22%，为中等变异；各粒度组分和粒度参数在垂向上的变幅表明NB1孔沉积环境总体比较稳定，以砂含量的变幅最大。

4.2.2 镇江段河漫滩沉积的粒度特征

(1) ZR99孔的粒度特征

ZR99孔的粒度特征如图4-8所示，其中ZR99孔沉积物的粒度组成以粉砂为主，含量在30.53%～80.12%，平均含量为67.18%；其次为砂，含量在2.25%～66.73%，变幅较大，平均含量为19.43%；黏土含量最少，含量在2.74%～20.71%，平均含量为13.39%。沉积岩心平均粒径在3.92～6.75 φ，平均值为5.71 φ，表明ZR99孔的沉积水动力较弱。分选系数在1.37～2.07，平均值为1.85，分选性主要为较差或差。偏态在0.31～2.21，平均值为0.63，偏态分布范围较大。峰态在2.58～9.14，平均值为3.06。

就ZR99孔剖面粒度组成及粒度参数的变幅而言，平均粒径和分选系数的变异系数分别为9.08%和7.05%，为弱变异；峰态、粉砂含量和黏土含量的变异系数分别为27.29%、12.75%和25.01%，为低度变异；偏态和砂含量的变异系数分别为46.31%和59.27%，为中度变异；各粒度组分和粒度参数在垂向上的变幅表明ZR99孔沉积环境复杂，水动力变化非常明显。

在垂向上，根据ZR99孔的粒度组成，可以划分为10层，分别为：①0～12 cm为粉砂-砂质粉砂互层，砂、粉砂和黏土含量均值分别为

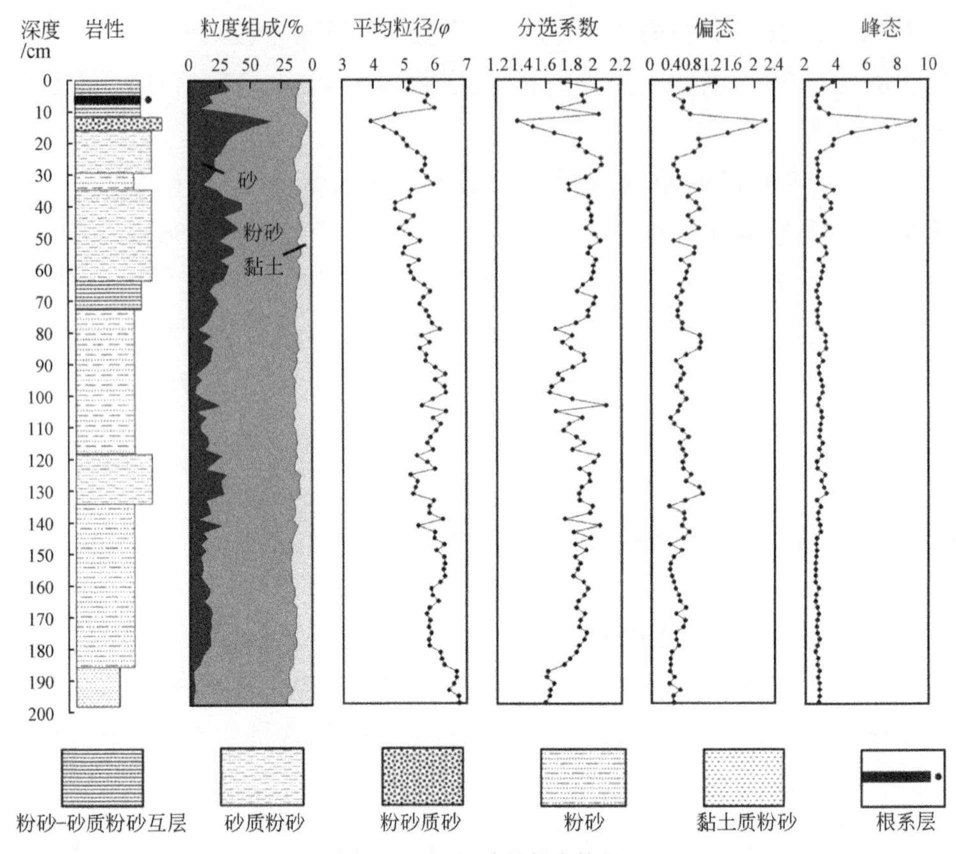

图 4-8 ZR99 孔的粒度特征

25.72%、63.10%、11.18%；各粒度参数波动明显，变幅较大。②12～16 cm 为粉砂质砂层，砂、粉砂和黏土含量均值分别为 59.15%、37.38%、3.47%；各粒度参数在该层达到峰值，其中 14 cm 处的平均粒径为 3.92 φ，为沉积岩心最大值，分选系数在 14 cm 处为 1.37，为沉积岩心最小值，偏态和峰态分别为 2.21 和 9.14，也为沉积岩心最大值，分别指示偏态为极正偏，峰态很窄。③16～30 cm 为砂质粉砂层，砂、粉砂和黏土含量均值分别为 27.34%、61.44%、11.22%。④30～36 cm 为粉砂层，砂、粉砂和黏土含量均值分别为 15.19%、70.96%、13.85%。⑤36～63 cm 为砂质粉砂层，砂、粉砂和黏土含量均值分别为 32.59%、57.60%、9.81%。⑥63～72 cm 为粉砂-砂质粉砂互层，砂、粉砂和黏土含量均值分别为 20.55%、66.52%、12.93%。⑦72～

118 cm 为粉砂层，砂、粉砂和黏土含量均值分别为 12.99%、73.01%、14.00%。⑧118～134 cm 为砂质粉砂层，砂、粉砂和黏土含量均值分别为 22.89%、64.49%、12.62%。⑨134～185 cm 为粉砂层，砂、粉砂和黏土含量均值分别为 13.74%、70.62%、15.64%。⑩185～198 cm 为粉砂层，砂、粉砂和黏土含量均值分别为 3.18%、77.38%、19.44%；该层的平均粒径为沉积岩心最小粒径，平均值为 6.64 φ，分选性为剖面最好，分选系数均值为 1.61。总之，各粒度参数在第一、第二层波动明显，并在第二层位出现峰值，其他层位各粒度参数变幅较小。

（2）ZH51 孔的粒度特征

ZH51 孔的粒度特征如图 4-9 所示，其中 ZH51 孔沉积物的粒度组成以粉砂为主，含量在 69.98%～80.75%，平均含量为 76.13%；其次

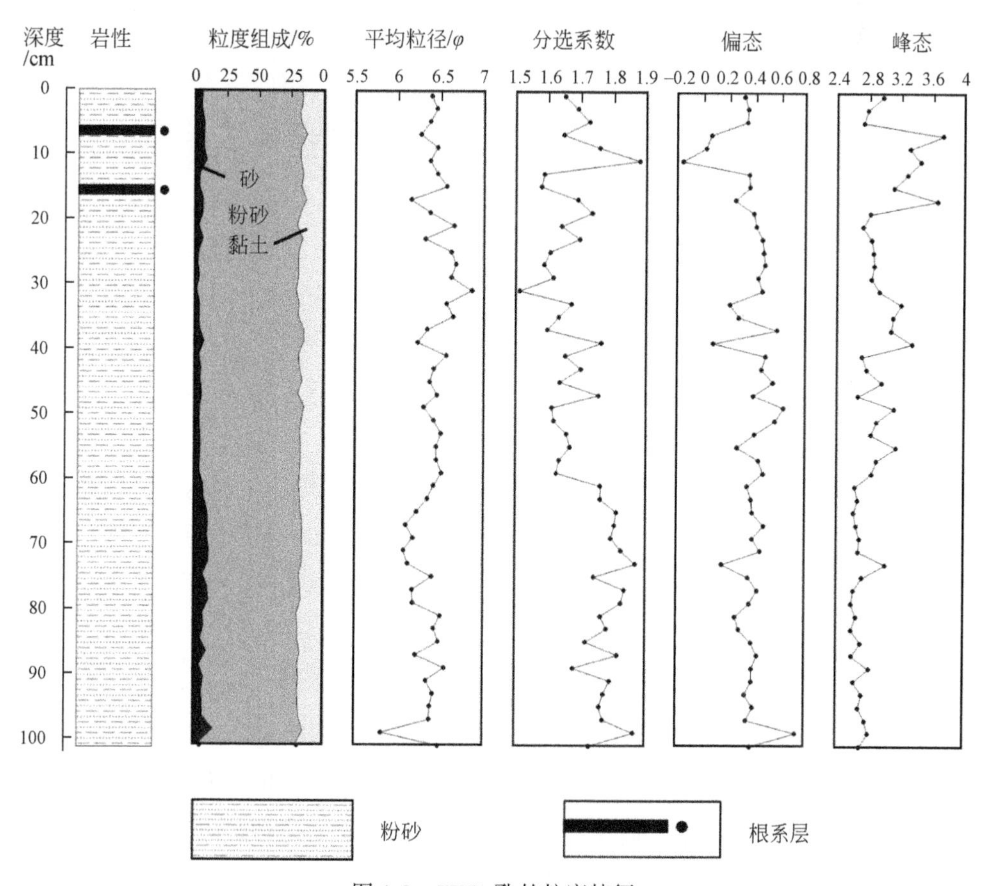

图 4-9 ZH51 孔的粒度特征

为黏土，含量在13.06%~20.98%，平均含量为17.47%；砂含量最少，含量在1.23%~15.44%，平均含量为6.40%。沉积岩心平均粒径在5.81~6.86 φ，平均值为6.39 φ。分选系数在1.51~1.88，平均值为1.71，分选性为较差。偏态在-0.17~0.72，平均值为0.36。峰态在2.58~3.72，平均值为2.87。沉积物的粒度组成和粒度参数的变幅较小，反映了ZH51孔沉积环境相对稳定和单一。

就ZH51孔剖面粒度组成及粒度参数的变幅而言，平均粒径、分选系数、峰态、粉砂含量和黏土含量的变异系数分别为2.82%、5.09%、9.47%、3.41%和9.84%，为弱变异；偏态和砂含量的变异系数分别为41.23%和45.07%，为中等变异；各粒度组分和粒度参数在垂向上的变幅表明ZH51孔沉积环境总体比较稳定，以偏态和砂含量的变幅最大。

在垂向上，ZH51孔的粒度组成比较稳定，以粉砂组分为主；各粒度参数在沉积岩心中小幅波动；分选系数具有明显阶段性特征：沉积岩心在0~60 cm的分选性（分选系数的均值为1.66）好于60~102 cm段的分选性（分选系数的均值为1.79）。

4.2.3 南京—镇江段河漫滩沉积粒度特征对比

4个沉积岩心的粒度特征具有明显的相似性和差异性（表4-6）。各岩心平均粒度均值为NB1孔(5.55 φ)<ZR99孔(5.71 φ)<ZH51孔(6.389 φ)<GB88孔(6.386 φ)；平均砂含量为NB1孔(23.72%)>ZR99孔(19.43%)>GB88孔(7.62%)>ZH51孔(6.40%)，粉砂含量均值为ZH51孔(76.13%)>GB88孔(74.36%)>ZR99孔(67.18%)>NB1孔(63.57%)，黏土含量均值为GB88孔(18.03%)>ZH51孔(17.47%)>ZR99孔(13.38%)>NB1孔(12.70%)。4个现代河漫滩沉积岩心的粒径总体较细，显示沉积水动力总体较弱，其中NB1孔和ZR99孔的沉积粒径相对较大，沉积水动力环境相对较强，GB88孔和ZH51孔的沉积粒径相对较小，沉积水动力环境相对较弱。

就沉积物的其他粒度参数而言，各现代河漫滩沉积岩心的分选系数均值为 ZH51 孔(1.71)<GB88 孔(1.75)<ZR99 孔(1.85)> NB1 孔(1.94)，4 个现代河漫滩沉积岩心的分选性均为较差，ZH51 孔和 GB88 孔的分选系数好于 ZR99 孔和 NB1 孔，而 ZH51 孔和 GB88 孔的沉积水动力小于 NB1 孔和 ZR99 孔，显示现代河漫滩沉积的分选系数与水动力环境密切相关。偏态的均值为 ZR99 孔(0.63)> NB1 孔(0.53)> ZH51 孔(0.36)> GB88 孔(0.32)，ZR99 孔和 NB1 孔的偏态为正偏，显示沉积物以粗颗粒组分为主，ZH51 孔和 GB88 孔的偏态显示为近对称分布。峰态均值为 NB1 孔(3.22)> ZR99 孔(3.06)> ZH51 孔(2.88)> GB88 孔(2.76)，均指示中等峰态。

各岩心沉积物的粒度组分和粒度参数的变异系数显示，NB1 孔和 ZR99 孔的变幅较 GB88 孔和 ZH51 孔的变幅大，显示 NB1 孔和 ZR99 孔沉积环境复杂，GB88 孔和 ZH51 孔沉积环境相对稳定。

表 4-6 现代河漫滩沉积岩心粒度参数特征及变异系数

岩心	指标	平均粒径 φ	分选系数	偏态	峰态	砂含量/%	粉砂含量/%	黏土含量/%
NB1	分布范围	3.90~6.72	1.50~2.26	-0.35~2.03	2.45~7.57	1.22~68.77	27.82~83.39	3.41~19.56
	均值	5.55	1.94	0.53	3.22	23.72	63.57	12.71
	标准偏差	0.54	0.14	0.44	0.80	13.29	10.71	3.15
	变异系数/%	9.65	7.24	81.75	24.98	56.03	16.84	24.79
GB88	分布范围	5.76~6.87	1.61~1.91	0.12~0.60	2.52~3.14	2.16~19.41	66.77~78.68	11.53~23.26
	均值	6.39	1.75	0.32	2.76	7.62	74.36	18.02
	标准偏差	0.24	0.06	0.08	0.11	3.44	1.84	2.40
	变异系数/%	3.79	3.56	25.17	3.91	45.22	2.48	13.31
ZR99	分布范围	3.92~6.75	1.37~2.07	0.31~2.21	2.58~9.14	2.25~66.73	30.53~80.12	2.74~20.71
	均值	5.71	1.85	0.63	3.06	19.43	67.18	13.39
	标准偏差	0.52	0.13	0.29	0.83	11.52	8.57	3.35
	变异系数/%	9.08	7.05	46.31	27.29	59.27	12.75	25.01
ZH51	分布范围	5.81~6.86	1.51~1.88	-0.17~0.72	2.58~3.72	1.23~15.44	69.98~80.75	13.06~20.98
	均值	6.39	1.71	0.36	2.87	6.40	76.13	17.47
	标准偏差	0.18	0.09	0.15	0.27	2.89	2.60	1.72
	变异系数/%	2.82	5.09	41.23	9.47	45.07	3.41	9.84

4.2.4 南京—镇江段河漫滩沉积粒度特征的影响因素

(1) 河流比降对河漫滩沉积粒度的影响

粒度是衡量沉积介质能量和沉积环境能量的重要指标，一般而言，在低能沉积动力环境下形成的沉积物颗粒较细，而在高能沉积动力环境下形成的沉积物颗粒较粗（赖内克和辛格，1979）。分析表明，南京—镇江段现代河漫滩沉积平均粒径较小，表明沉积水动力总体较弱。长江上游位于中国第一、第二级阶梯，由于地形坡度大，水动力强，水流中挟带了大量粗颗粒物质，进入第三级阶梯后，地势平缓，河流比降小，沉积水动力较弱，水流中挟带的沉积物颗粒较细。南京—镇江段沉积水动力与长江下游河流比降密切相关。据报道，1980～2002年长江南京—镇江段高潮期间的平均比降为0.8×10^{-5}，低潮期间的平均比降为1.4×10^{-5}（姚允龙，2008）。由于南京—镇江段河流比降小，水流平缓，沉积水动力较弱，河流挟带的沉积物颗粒较细。有研究表明，1984年发生的大洪水在长江上游重庆段的中坝遗址处形成了洪水漫滩沉积，其平均粒径为4.33 φ（朱诚等，2005），2004年的大洪水在玉溪遗址处形成了洪水漫滩沉积，其平均粒径为4.41 φ（朱诚等，2008）。进入长江中游段，河漫滩沉积物颗粒变细，以长江宜昌段为例，1998年大洪水时期形成的漫滩沉积平均粒径为5.15 φ（葛兆帅等，2004），而对长江中游1998年、1999年和2002年三次大洪水形成的洪水沉积的调查也表明，漫滩洪水沉积的颗粒较细且十分均匀，以粉细砂和黏土组成的亚砂土为主（李长安和张玉芬，2004）。长江口泥质区沉积物颗粒更细，其平均粒径为6.82 φ，沉积物以粉砂为主，其次为黏土（张瑞等，2008），与本研究区河漫滩沉积物的粒度特征基本相似。由此可见，与流域地形相关的河流比降是影响河漫滩沉积粒度特征的重要因素。长江南京—镇江段位于长江河口区近口段，由于流经地区地势平坦，河流比降小，导致河漫滩沉积水动力较弱，形成的河漫滩沉积物颗粒较细。

(2)河势对河漫滩沉积粒度的影响

沉积物粒径大小与水流动力条件密切相关(陈志清,1997;徐晓君等,2010)。从河漫滩粒度特征反映的动力信息看,在长江南京段,NB1孔沉积水动力大于GB88孔;在长江镇江段,ZR99孔沉积水动力大于ZH51孔,这主要是受河势影响。首先,GB88孔和NB1孔位于黄家洲边滩凸岸的上游方向,GB88孔位于NB1孔下方约1370 m,更靠近下游凸出的黄家洲边滩[图2-9,图2-11(b)]。NB1孔和GB88孔位于同一河段,两者之间没有受支流入注或分汊河流分流的影响,河水流量一致。在河流弯道同一深度不同部位的水流速度不一致,越靠近凸岸,水流速度越小(杨景春和李有利,2005)。相较于NB1孔,GB88孔更靠近黄家洲边滩凸岸,其所在位置水流速度小于NB1孔所在位置。受河势影响,NB1孔沉积水动力大于GB88孔,导致其沉积物粒径大于GB88孔。其次,在长江镇江段,世业洲汊道左右汊汇合后,龙门口附近的征润洲受到主流的顶冲(陈宝冲,1991),ZR99孔采样点在镇江段世业洲下游龙门口一带[图2-9,图2-11(d)],受汇流顶冲影响,洪水期间河漫滩沉积水动力较大,形成的沉积物砂含量较多。ZH51孔位于ZR99孔下游约1500 m,其西侧为镇江港引航道,对水流有分流作用,即长江在世业洲洲尾汇流后,在镇江港引航道处再次分流,使得位于镇江港下游方向的ZH51孔来水量较ZR99孔减少。根据河流动能计算公式$E=1/2mv^2$可知,河水动能(E)与流量(m)和流速(v)的平方成正比,流量越大,河水动能越大(曹伯勋,1995),ZH51孔沉积水动力较ZR99孔减弱,形成的沉积物粒径较小。

(3)河床演变对河漫滩沉积粒度的影响

在4个沉积岩心中,NB1孔部分层位的沉积物砂含量较高,指示其沉积水动力突然增强;ZR99孔沉积物砂含量由底层到表层逐渐增高,显示沉积水动力的逐渐增强;相较于NB1孔和ZR99孔,GB88孔和ZH51孔沉积物中的砂含量相对平稳,显示相对稳定的沉积水动力环境。ZR99孔位于龙门口一带,为世业洲下方分汊河道汇流处。世业洲河段为准稳定江心洲的分汊河型,主泓有摆动(黄建维和高正荣,

2007）。近百年来世业洲右汊一直保持主汊地位，1976 年以后，汊道的形势逐渐发生变化：1976 年以前，世业洲左右汊分流比稳定在 20% 以内，1997 年增长为 26.4%，2010 年增长为 38.5%，随着左兴右衰的发展，汊道平面形态逐渐改变，两汊出口汇流的龙门口附近水动力增强，冲刷加剧（张增发等，2011）。ZR99 孔位于龙门口，受冲刷加剧的影响，其洪水期沉积水动力随之增强，沉积物中的砂含量随之增加。ZH51 孔在世业洲下游约 4 km 的右岸，其沉积水动力受分汊河床演变的影响较小；NB1 孔位于浦口—下关束窄段，近几十年来，该河段河势基本稳定（黄家柱，1999），GB88 孔所在河漫滩，自 20 世纪 80 年代以来河势也基本稳定［图 2-11（b）］。三个河漫滩沉积岩心中，GB88 孔和 ZH51 孔的砂含量总体比较平稳，而 NB1 孔在部分层位的砂含量明显较高。NB1 孔附近河道总体稳定，部分层位砂含量的明显增加可能与沉积环境的事件性突变有关。

（4）滩面植被对河漫滩沉积分选性的影响

南京—镇江段 4 个河漫滩沉积岩心中仅 ZH51 孔分选系数的变化特征与偏态和峰态的变化特征不一致，其分选系数在垂向上分为上段（0～60 cm）和下段（60～100 cm），上段分选系数平均为 1.66，下段为 1.79，上段沉积物分选性较下段好，推测这主要是受植被的影响。植被具有明显的消能作用（杨世纶和徐海根，1994；王爱军等，2006），伴随河漫滩的淤高，ZH51 孔附近生长了茂密的芦苇。研究表明，植物往往造成稳定的弱能环境（杨世纶和徐海根，1994），ZH51 孔位于河漫滩芦苇丛的核心地带，挟带泥沙的洪水水流在到达芦苇丛前缘时，由于受到芦苇的阻挡，洪水流速减缓，水流挟带能力减弱，部分相对较粗的颗粒物质沉积在芦苇的边缘带，而到达芦苇核心区域的洪水则挟带更细的颗粒，形成的河漫滩沉积物相对细而均匀。ZH51 孔下段（60～100 cm）沉积物的分选性略差于上段（0～60 cm），这可能是由于河漫滩形成初期尚未被芦苇覆盖，洪水挟带的粗细颗粒的泥沙可以到达 ZH51 孔附近形成沉积。在 ZH51 孔中，沉积岩心中上段（0～60 cm）的平均粒径较下段（60～100 cm）小的粒度特征是对滩面植被覆盖变化的响应。可见，采样点附近芦苇群落生长发育和覆盖度变化过程是影响 ZH51 孔分选性的重要因素。

4.2.5 现代河漫滩沉积粒度与洪水

近十几年来，国内外有关古洪水沉积的研究十分活跃，沉积物粒度特征被广泛用于现代和古代洪水事件的识别（Knox and Daniels, 2002；朱诚等，2005；赵景波和王长燕，2009；李晓刚等，2010）。许多研究表明，在洪水漫滩初期，河漫滩上的水动力较强，随着水面拓宽，滩面水流速度变缓，洪水挟带的泥沙快速沉积，从而形成颗粒相对较粗的沉积层（李长安等，2002；杨晓燕等，2005），因此，河漫滩沉积中的粗颗粒物质可作为河流洪水事件的沉积证据。在南京—镇江段，不同位置河漫滩沉积物的粒度特征差异明显，其影响因素除洪水事件外，还包括河漫滩地形、河势、河床演变以及河漫滩植被等诸多因素，在这些因素的共同作用下，洪水期的沉积显示出多样性和复杂性。以 ZR99 孔为例，受河势特征影响，ZR99 孔沉积物的砂含量较多，且在分汊河床演变的影响下，沉积物的砂含量不断增加。因此，河漫滩沉积的粒度不仅与洪水的强度有关，也与沉积环境有联系，研究河漫滩沉积记录的洪水事件，需要在研究粒度、沉积年代的基础上，重视对河漫滩沉积形成过程中沉积环境的综合探讨。

4.2.6 小结

长江南京—镇江段河漫滩沉积水动力较弱，形成的沉积物粒径偏细。4 个现代河漫滩沉积岩心中，以 NB1 孔和 ZR99 孔所在河漫滩的沉积水动力相对较大，形成的沉积物平均粒径和砂含量最大；NB1 孔、GB88 孔和 ZH51 孔各项参数在各岩心内的分布特征基本一致，其中 NB1 孔的砂含量在部分层位较高，ZR99 孔的砂含量和平均粒径由底层向表层增加；ZH51 孔沉积物分选系数与其他粒度参数分布特征不一致，呈明显的阶段性特征。

河流比降、河势、分汊河床演变以及滩面植被是影响南京—镇江段河漫滩沉积粒度特征的重要因素，具体如下：①河流比降。南京—镇江段河流比降小，河漫滩沉积水动力较弱，形成的沉积物平均粒径较小。②河势。在河流弯道同一深度不同部位的水流速度不一致，越靠近凸岸，水流速度越小，NB1 孔距离黄家洲凸岸较 GB88 孔远，水流速度较 GB88 孔大，形成的河漫滩沉积物粒径较 GB88 孔大；ZR99 孔位于分汊河道的汇流冲刷处，沉积水动力较强，洪水期形成的河漫滩沉积物颗粒较粗；受引航道分流影响，ZH51 孔河漫滩洪水期来水量较 ZR99 孔少，沉积水动力较 ZR99 孔弱，形成的沉积物粒径较 ZR99 孔小。③分汊河床演变。受世业洲汊道左兴右衰发展的影响，ZR99 孔附近的水流冲刷加剧，河漫滩沉积水动力随之增强，形成的沉积物粒径由底层到表层增大。④滩面植被。ZH51 孔上段沉积时期的芦苇面积较下段沉积时期显著扩大，植物对沉积物的分选作用相应增强，使得 ZH51 孔上段（0 ~ 60 cm）沉积物分选性好于下段（60 ~ 100 cm）沉积物的分选性。

4.3 长江南京—镇江段现代河漫滩沉积的磁化率特征与沉积环境

4.3.1 河漫滩沉积的磁化率特征

4 个河漫滩沉积岩心的高频磁化率、低频磁化率和频率磁化率分布特征如图 4-10 所示。总体来说，NB1 孔、GB88 孔、ZR99 孔和 ZH51 孔的高频磁化率和低频磁化率垂向分布特征基本一致，由于细粒的超顺磁和稳定单畴界线附近的细黏滞性铁磁颗粒只对低频磁化率有贡献（Oldfield，1991；吴瑞金，1993），沉积物的高频磁化率略低于低频磁化率。NB1 孔的高频磁化率分布在 90.68×10^{-8} ~ $173.40\times$

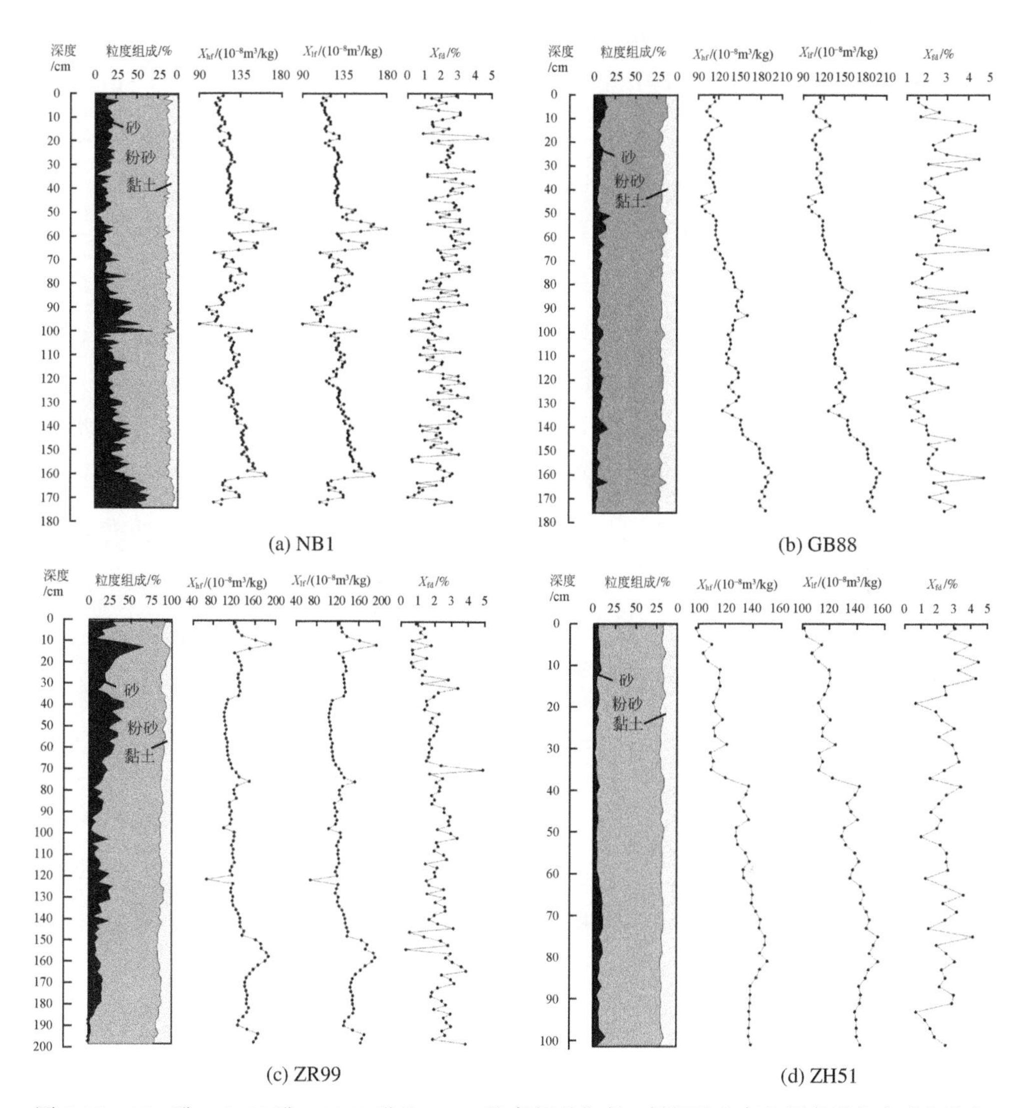

图 4-10　NB1 孔、GB88 孔、ZR99 孔和 ZH51 孔高频磁化率、低频磁化率和频率磁化率垂向分布

$10^{-8}m^3/kg$，均值为 $127.08\times10^{-8}m^3/kg$；低频磁化率分布在 90.61×10^{-8} ~ $180\times10^{-8}m^3/kg$，均值为 $129.88\times10^{-8}m^3/kg$；频率磁化率分布在 0.07%~4.76%，均值为 2.13%。GB88 孔的高频磁化率分布在 95.12×10^{-8} ~ $196.33\times10^{-8}m^3/kg$，均值为 $137.81\times10^{-8}m^3/kg$；低频磁化率分布在 91.89×10^{-8} ~ $202.21\times10^{-8}m^3/kg$，均值为 $141.31\times10^{-8}m^3/kg$；频率磁化率分布在 1.03%~4.98%，均值为 2.47%。ZR99 孔的高频磁化率分布在

$70.94\times10^{-8}\sim191.81\times10^{-8}m^3/kg$，均值为 $132.50\times10^{-8}m^3/kg$；低频磁化率分布在 $72.13\times10^{-8}\sim197.45\times10^{-8}m^3/kg$，均值为 $135.59\times10^{-8}m^3/kg$；频率磁化率分布在 0.49%~4.96%，均值为 2.25%。ZH51 孔的高频磁化率分布在 $98.49\times10^{-8}\sim150.68\times10^{-8}m^3/kg$，均值为 $128.63\times10^{-8}m^3/kg$；低频磁化率分布在 $101.61\times10^{-8}\sim155.60\times10^{-8}m^3/kg$，均值为 $131.97\times10^{-8}m^3/kg$；频率磁化率分布在 0.68%~4.48%，均值为 2.54%。根据各岩心平均低频/高频磁化率，GB88 孔> ZR99 孔> ZH51 孔> NB1 孔；根据各岩心平均频率磁化率，ZH51 孔> GB88 孔> ZR99 孔> NB1 孔。

沉积物磁化率对环境及环境变化非常敏感，不同类型或同一类型不同分布位置的沉积物具有不同的磁化率特征。如表 4-7 所示，长江下游河漫滩沉积磁化率高于湖泊沉积物、干旱半干旱区表土和海洋底部表层沉积物，并与黄土、潮滩的磁化率在同一数量级。相较于高陵渭河河漫滩沉积磁化率，长江下游河漫滩沉积物的磁化率值较高。总体而言，4 个现代河漫滩沉积的磁化率较高，频率磁化率较低。

表 4-7　不同类型沉积物磁化率特征

类型	名称/位置	磁化率/($10^{-8}m^3/kg$)	平均值/($10^{-8}m^3/kg$)	频率磁化率/%	平均值/%	数据来源
岱海	DH32	—	—	2.78~7.78	6.28	张振克等，1998
察尔汗盐湖	CH0310	4.74~107.8	18.91	-1.64~11.03	0.91	张俊辉等，2010
安徽巢湖	—	6.59~64.59	18.34	11.17	3.5	王心源等，2008
太湖	TXS	10.66~26.73	15.86	—	—	李永飞等，2012
南京第四纪沉积物发育土壤	—	—	—	9.1~11.6	—	卢升高等，2000
干旱半干旱区表土	—	0.2~1.6	—	—	—	王丽霞等，2005
黄土古土壤	—	60~202	—	7~10.3	—	刘秀铭等，1993
黄土	—	43~60	—	2~7	—	
马兰黄土层	ZJC	43.8~66.3	49.5	—	4.5	李瑜琴，2009
全新世古土壤层	ZJC	75.2~108.7	88.2	—	7.4	
青藏高原东北部黄土沉积	东川剖面	27~150	—	0.6~16.1	—	王晓勇等，2003
	拉拉口剖面	25~42	—	0.8~13	—	
	盘子山剖面	20~143	—	2.6~7.4	—	

续表

类型	名称/位置	磁化率/($10^{-8}m^3/kg$)	平均值/($10^{-8}m^3/kg$)	频率磁化率/%	平均值/%	数据来源
海南岛周边海域表层沉积物	—	6.56～34.2	16.3	2.34～10.64	6.34	田成静等，2013
曹妃甸	潟湖	40～180	—	—	—	贾玉连等，2000
	沙坝	140～240	—	—	—	
	潮滩区	20～120	—	—	—	
白令海峡和西北冰洋表层沉积物	—	3.26～40.08	—	—	—	汪卫国等，2014
南京江北地区下蜀黄土	表土层	132～154.6	142.8	—	—	毛龙江等，2006
	古土壤	129.7～159.2	143.5	—	—	
	黄土层	102.2～146.2	129.6	—	—	
	全剖面	108.2～159.2	135.8	—	—	
高陵渭河河漫滩	—	32.6～500.2	108.5	0～9.87	—	周晓红和赵景波，2007
长江下游河漫滩	NB1孔	90.61～180	129.86	0.07～4.76	2.13	本研究数据
	GB88孔	91.89～202.21	141.3	1.03～4.98	2.47	
	ZR99孔	72.13～197.45	135.59	0.49～4.96	2.25	
	ZH51孔	101.61～155.60	131.97	0.68～4.48	2.54	

4.3.2 河漫滩沉积磁化率与粒度的相关性

沉积物的磁化率与粒度有非常密切的关系，有研究将磁铁矿制成不同粒级的颗粒，然后测量其磁化率，结果显示，磁化率出现两个峰值，一个峰值在细砂（16～125 μm）范围内，另一个峰值在细黏滞性与超顺磁颗粒范围内（0.01～0.03 μm）（Ozdemir and Banerjee，1982；Maher，1988）。研究表明，沉积物磁化率与沉积物粒径正相关，磁性颗粒主要分布在粗颗粒物质中，粒径较大的沉积物磁化率较大，如滇池（细砂组分）（Yu et al.，1990）、岱海（吴瑞金，1993）、潘诺尼亚

(Pannonian) 盆地钻孔 (Nádor et al., 2003)、察尔汗盐湖 (张俊辉等, 2010)、江苏海岸 (黏土) (3 ~4 φ) (王建等, 1996; 柏春广等, 2006); 也有研究表明，沉积物磁化率与沉积细颗粒组分具有很好的正相关性，如英国奥亨凯恩湾和利物浦湾 (黏土 2 ~4 φ) (Oldfield, 1991)、呼伦贝尔湖 (黏土) (胡守云等, 1998)、太湖 (黏土<4 μm) (李永飞等, 2012)、江汉平原肖寺剖面 (粉砂) (袁胜元等, 2011)。还有研究报道了英国柯库布里湾沉积物的磁化率在各粒级组分的差别 (Oldfield, 1991)，英国 Lough Neagh 地区沉积物中的天然磁铁矿晶体分布在 5 ~200 μm 粒级范围内，使得磁化率峰值出现在粉砂/细砂颗粒中 (Dearing and Flower, 1982)。

由于 4 个现代河漫滩沉积岩心的高频、低频磁化率分布特征基本一致，本研究仅讨论低频磁化率的特征，简称磁化率。对长江南京—镇江段河漫滩沉积磁化率、频率磁化率与粒度进行 Pearson 相关分析，分析结果见表 4-8。在长江下游南京—镇江段，NB1 孔沉积物磁化率与平均粒径、砂、粉砂、黏土的相关系数分别为 0. 03、-0. 03、0. 01 和 0. 11；GB88 孔沉积物磁化率与平均粒径、砂、粉砂、黏土的相关系数分别为 0. 24、-0. 27、0. 12 和 0. 29；ZR99 孔沉积物磁化率与平均粒径、砂、粉砂、黏土的相关系数分别为 0. 03、0. 07、-0. 08 和-0. 06；ZH51 孔沉积物磁化率与平均粒径、砂、粉砂、黏土的相关系数分别为 0. 03、0. 09、-0. 08和-0. 10 (表 4-8)。可见，在 4 个现代河漫滩沉积岩心中，除 GB88 孔磁化率与沉积物粒度略有相关性外，其他沉积岩心磁化率与粒度之间没有明显相关性。NB1 孔沉积物频率磁化率与平均粒径、砂、粉砂、黏土的相关系数分别为 0. 44、-0. 44、0. 44 和 0. 37；GB88 孔沉积物频率磁化率与平均粒径、砂、粉砂、黏土的相关系数分别为 0. 21、-0. 28、0. 24 和 0. 22；ZR99 孔沉积物频率磁化率与平均粒径、砂、粉砂、黏土的相关系数分别为 0. 44、-0. 25、0. 29 和 0. 12；ZH51 孔沉积物频率磁化率与平均粒径、砂、粉砂、黏土的相关系数分别为 0. 44、-0. 43、0. 43 和 0. 36。沉积物频率磁化率与粒度的相关性分析表明，沉积物频率磁化率与沉积物粒径具有相关性，沉积物频率磁化率与砂含量负相关，与粉砂、黏土含量正相关。

表 4-8 长江南京—镇江段现代河漫滩沉积磁化率、频率磁化率与粒度的相关性

指标	岩心	平均粒径	砂	粉砂	黏土
磁化率	NB1	0.03	-0.03	0.01	0.11
	GB88	0.24	-0.27	0.12	0.29
	ZR99	0.03	0.07	-0.08	-0.06
	ZH51	0.03	0.09	-0.08	-0.10
频率磁化率	NB1	0.44	-0.44	0.44	0.37
	GB88	0.21	-0.28	0.24	0.22
	ZR99	0.44	-0.25	0.29	0.12
	ZH51	0.44	-0.43	0.43	0.36

总之，与其他沉积物磁化率与粒度具有明显相关性的特征不同，长江下游现代河漫滩沉积磁化率与沉积物粒度的相关性不明显，但沉积物频率磁化率与沉积物粒度的相关性相对明显。可见，长江下游现代河漫滩沉积磁化率与粒度的相关性比较复杂，反映了长江下游现代河漫滩沉积环境的复杂性。

4.3.3 河漫滩沉积磁化率与重金属的相关性

沉积物的磁化率不仅与沉积物粒度组成有关，也与重金属含量相关（俞立中，1999）。早在20世纪80年代末和90年代初，Beckwith和Williams等就探讨了城市来源沉积物重金属含量和磁化率的相关性，发现磁化率与重金属含量高度相关（Beckwith et al.，1986；Williams，1991）。国内学者也发现长江口潮滩沉积物磁化率与重金属含量高度相关（俞立中和张卫国，1993）。后来陆续有研究对湖泊沉积物（Georgeaud et al.，1997）、潮滩沉积物（Chan et al.，2001；张卫国和俞立中，2002；方圣琼等，2006）、城市土壤（沈明洁等，2006；余涛等，2008）、工业区土壤（李晓庆等，2006；段雪梅等，2009）、矿区河谷沉积物（角媛梅等，2008）、河流底泥（董艳等，2012）、河流边滩沉积物（李文等，2016）磁化率与重金属含量进行了探讨，这些不同类型沉积物的研究均表明沉积物磁化率与重金属含量具有明显的正相关性。

对长江南京—镇江段河漫滩沉积磁化率、频率磁化率和粒度进行Pearson相关分析，分析结果如表4-9所示。与上述研究结论不同，NB1孔沉积物磁化率与重金属元素的相关性并不明显，其相关性分别为V（0.31）> Cr（0.27）> Ni（0.23）> Co（0.21）> Zr（0.19）> Ba（0.17）> Cu（0.14）> Pb（0.09）> Zn（0.08）= Rb（0.08）> Sr（0.05）。这与武汉市东湖主湖区郭郑湖沉积物的研究结论相似（刘振东等，2006）。对黄河兰州段、白银段的水样及沉积物的研究也表明，重金属含量与磁化率的相关性均不显著（李鸿威等，2009）。这可能是由于沉积物磁性矿物来源和种类具有多样性，重金属与磁性矿物的关系较为复杂。

表4-9　NB1孔磁化率、频率磁化率和重金属元素含量的相关性

指标	Ni	Cu	Zn	Pb	Cr	Rb	Sr	Zr	Ba	Co	V
磁化率	0.23	0.14	0.08	0.09	0.27	0.08	0.05	0.19	0.17	0.21	0.31
频率磁化率	0.51	0.52	0.46	0.44	0.43	0.49	-0.42	-0.34	0.39	0.49	0.54

NB1孔频率磁化率与重金属元素含量相关性较大，其中与频率磁化率正相关的元素为V（0.54）> Cu（0.52）> Ni（0.51）> Co（0.49）= Rb（0.49）> Zn（0.46）> Pb（0.44）> Cr（0.43）> Ba（0.39），与频率磁化率负相关的元素为Sr（-0.42）> Zr（-0.34）。对黄河白银段东大沟以下河段沉积物的研究也表明，沉积物中的重金属含量与频率磁化率同步增强（李鸿威等，2009）。细颗粒物质具有较大的比表面，重金属物质趋向于吸附在细颗粒物质上。频率磁化率指示沉积物中细黏滞性超顺磁颗粒（约0.03μm）的相对含量（贾海林等，2004；王辉等，2008），细黏滞性超顺磁颗粒具有巨大的比表面，重金属物质可能会被强烈吸附，使得频率磁化率与重金属含量具有明显相关性（张卫国，2000）。

4.3.4 河漫滩沉积磁化率特征的影响因素

长江南京—镇江段现代河漫滩沉积磁化率与沉积物粒度和重金属元素含量的相关性分析表明，沉积物粒度和重金属元素含量不是影响长江南京—镇江段现代河漫滩沉积磁化率的主要因素，沉积物磁化率与沉积环境其他因素密切相关。

(1) 沉积物来源对长江南京—镇江段现代河漫滩沉积磁化率的影响

自然界中主要的铁磁矿物是磁铁矿和磁赤铁矿，沉积物磁化率的大小受沉积物所含的磁铁矿浓度和磁性颗粒大小影响（王建等，1996），其中磁化率一般用于反映样品中亚铁磁性矿物的含量（施汶妤等，2010），而频率磁化率则指示了超顺磁与单畴界线附近的细黏滞性超顺磁颗粒（约0.03 μm）对磁化率的贡献（贾海林等，2004；王辉等，2008）。长江下游现代河漫滩沉积磁化率较高，反映了沉积物中含有较多的亚铁磁性矿物。长江流经地区分布着广泛的红壤，土壤磁化率研究发现，亚热带红色风化壳的“磁赤铁矿化”和富铁铝化平行发育，表层土壤中含有丰富的亚铁磁性物质（俞劲炎等，1986；黄镇国等，1996），这些土壤进入长江后随流水被挟带至长江下游地区，在洪水期间随漫滩洪水进入河漫滩形成沉积，使河漫滩沉积物中的亚铁磁性物质增加，沉积物磁化率增大。长江河口地区重矿物的鉴定结果也表明，磁铁矿是源于长江流域的重矿物之一，其最高含量可达27%（吕全荣和严肃庄，1981）。可见，沉积物来源是导致长江南京—镇江段现代河漫滩沉积磁化率较高的重要因素。

(2) 有机质/植物残体对长江南京—镇江段现代河漫滩沉积磁化率的影响

对河漫滩沉积磁化率的实验分析表明，在长江南京段，GB88孔的磁化率大于NB1孔，在长江镇江段，ZR99孔的磁化率大于ZH51孔，显示GB88孔和ZR99孔沉积物中的磁性矿物含量分布高于NB1孔和ZH51孔。根据对沿岸居民的访谈记录，NB1孔所在河漫滩自20世纪

80 年代以来，其滩面上生长大量植被，如柏杨、柳树、芦苇及其他草本植物，NB1 孔在 83 cm、50 cm 和 20 cm 处出现的根系层是河漫滩被大量植被覆盖的证据；GB88 孔所在河漫滩滩面上植被较少，仅在表层有少量根系。ZH51 孔所在河漫滩为近 20 年来快速淤积而成，滩面上发育密集的芦苇，ZH51 孔位于芦苇群的中央，其沉积岩心内的根系含量明显多于 ZR99 孔。研究表明，沉积物中有机质/植物残体是影响沉积物磁化率的重要因素，有机质/植物残体会稀释沉积物中磁性矿物含量，导致磁性矿物含量减少，沉积物磁化率降低（张树夫等，1991；殷勇等，2002）；有机质在细菌的作用下分解，消耗沉积物孔隙水中溶解氧，形成缺氧环境，促使碎屑磁性矿物等含铁矿物还原溶解（Liu et al.，2004；Rowan et al.，2009）。因此，有机质和植物残体含量更多的 NB1 孔沉积物磁化率低于 GB88 孔，同理，包含较多植物根系的 ZH51 孔沉积物磁化率低于 ZR99 孔。

（3）氧化还原环境对长江南京—镇江段现代河漫滩沉积磁化率的影响

磁铁矿在长期的滞水和还原环境中可以转化为弱磁性矿物，导致沉积物磁化率的降低（张树夫等，1991）。海洋和湖泊沉积物的研究表明，氧化条件下沉积物的磁化率值高，还原条件下沉积物的磁化率值低（张振克等，1998；杨晓强和李华梅，1999；葛淑兰等，2001）。在长江镇江段，ZH51 孔沉积物磁化率小于 ZR99 孔，指示 ZR99 孔沉积物中的磁性矿物含量高于 ZH51 孔。ZH51 孔所在河漫滩为近 20 年来快速淤涨而成，河漫滩高程较低，长期处于滞水和还原环境，沉积物中被稀释后的磁铁矿还会被转化为弱磁性矿物，导致沉积物磁化率较低。可见，河漫滩沉积的氧化还原环境是影响沉积物磁化率大小的重要原因。

4.3.5 现代河漫滩沉积磁化率指示洪水事件和重金属污染的可行性

环境磁学在洪水沉积的辨识、环境污染的研究已有较多报道。有研究通过对比疑似古洪水沉积与现代洪水沉积的磁化率特征确定古洪水沉积（朱诚等，2005；黄春长等，2011），也有研究运用沉积物磁化率划分河漫滩洪水沉积单元层（杨晓燕等，2005），还有研究利用由现代洪水沉积所建立的洪泛沉积物磁组构参数标志，探讨江汉平原全新世以来的古洪水事件（张玉芬等，2009）。也有研究基于磁化率与沉积物的显著相关性，探讨沉积物磁化率对洪水时期水动力强弱的指示意义（周晓红和赵景波，2007）。长江南京—镇江段现代河漫滩沉积中，沉积物磁化率与沉积物粒度之间的相关性并不明显，频率磁化率虽与沉积物粒度具有相关性，但相关性并不显著。因此，探讨长江南京—镇江段河漫滩沉积磁化率对洪水的指示作用，还需结合其他磁学参数进行综合探讨。

在环境污染研究领域中，沉积物磁化率往往与沉积物重金属含量显著相关，磁化率常被用作反映重金属污染状况的替代指标（Dekkers，1997；旺罗等，2000）。类似的研究主要基于这样的假设：人类活动排放的污染物同时含有重金属和磁性颗粒，一旦沉积下来，即导致污染物的物质磁性增强。但这个假设仅适用于沉积动力差异不显著且物质来源一致的环境（张卫国和俞立中，2002）。长江下游现代河漫滩沉积物主要源自长江中上游地区，沉积物的自然来源一致。但河漫滩是一个开放的环境系统，沿途接收了源自人类生产生活不同领域产生的污染物质，重金属污染来源具有多样性，且河漫滩沉积周期性被洪水淹没，沉积水动力的周期性变化较大，导致沉积物粒度组成的差异性明显，加之河漫滩沉积有机质/植物残体和沉积物氧化还原环境等因素的影响，河漫滩沉积物磁化率与沉积物粒度之间关系较为复杂。不过，研究表明长江南京—镇江段现代河漫滩沉积的频率磁化率与沉积物重金属含量之间有相对明显的相关性，具有指示沉积物重金属污染的潜力。

4.3.6 小结

长江南京—镇江段现代河漫滩沉积磁化率较高，频率磁化率较低，其中磁化率与沉积物粒度的相关性不明显，频率磁化率与沉积物粒度的相关性相对明显。南京段 NB1 孔沉积物磁化率与沉积物重金属含量的相关性不明显，频率磁化率与沉积物重金属含量的相关性较为明显。

沉积物来源、有机质/植物残体、氧化还原环境是影响现代河漫滩沉积物磁化率的重要因素：①沉积物来源。在长江流经地区，由于红壤“磁赤铁矿化”和富铁铝化平行发育，表层土壤中含有丰富的铁磁性物质，这些土壤进入长江后随流水被挟带至长江下游地区，被漫滩洪水挟带到河漫滩上堆积，使得河漫滩沉积物中的铁磁性物质增加，沉积物磁化率增大。②有机质/植物残体。沉积物中有机质/植物残体含量对磁性矿物具有稀释作用，还具有促使碎屑磁性矿物和其他含铁矿物还原溶解的作用，使得有机质/植物残体含量相对高的 NB1 孔和 ZH51 孔磁化率分别低于有机质/植物残体含量相对较低的 GB88 孔和 ZR99 孔。③氧化还原环境。磁铁矿在长期的滞水和还原环境中可以转化为弱磁性矿物，导致沉积物磁化率降低。ZH51 孔所在河漫滩高程较低，长期处于滞水和还原环境，沉积物磁化率较低。

4.4 长江南京—镇江段现代河漫滩沉积元素的地球化学特征与沉积环境

4.4.1 河漫滩沉积元素及其与粒度的相关性

(1) 河漫滩沉积常量元素含量

常量元素是指在岩石中所占比例较大的元素，是构成沉积物的主要化学成分，通常包括 Na、Mg、Al、Si、K、Ca、Ti、Mn 及 Fe 这 9 种元素的氧化物形式，其含量变化受物源主矿物的控制。NB1 孔中 P 的含量较高，故将其划归为常量元素，P 及其他元素的含量及其在垂向上的变化如图 4-11 所示。在 NB1 孔中，Al_2O_3的含量在 9.44%~15.44%，CaO

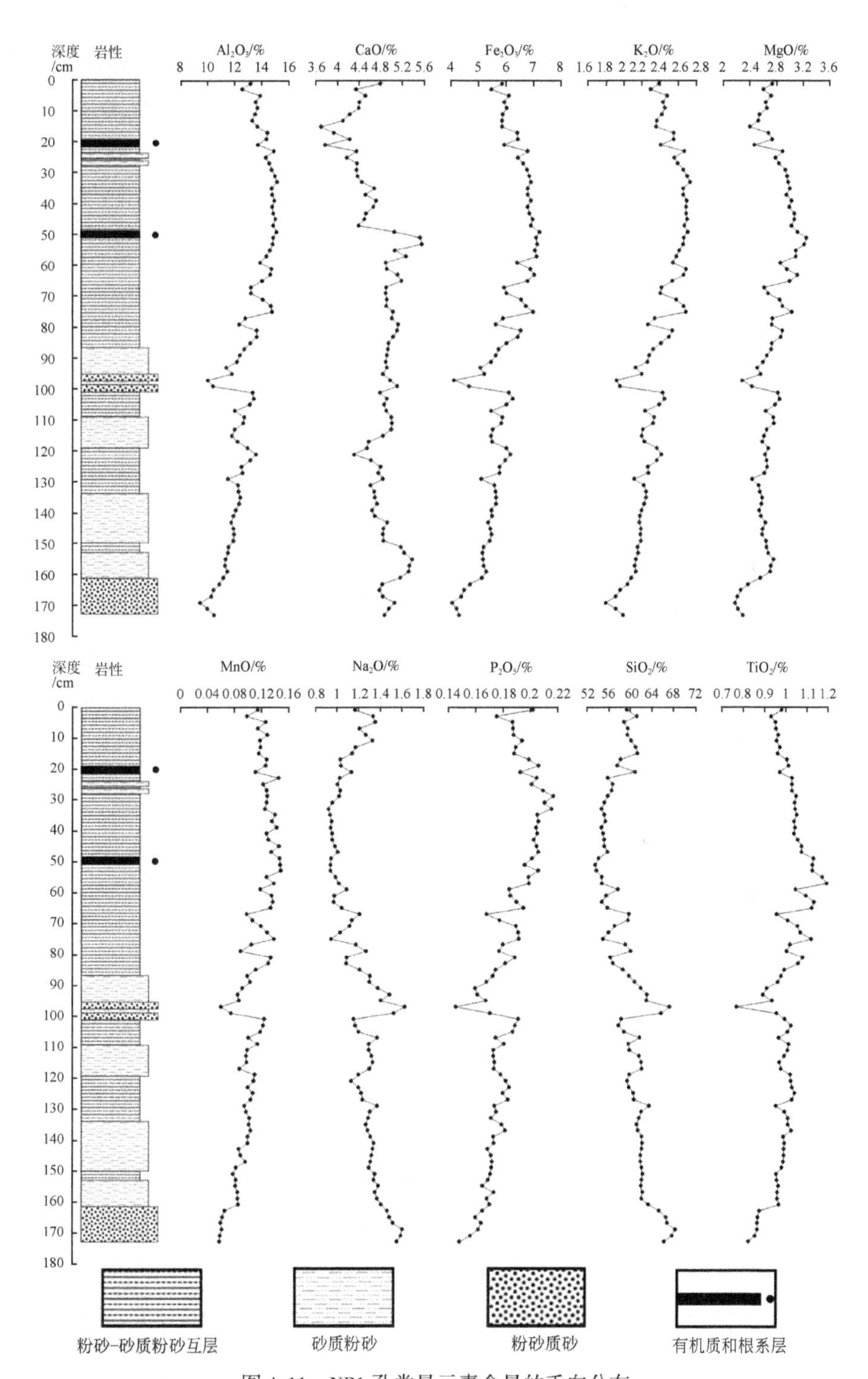

图4-11　NB1孔常量元素含量的垂向分布

的含量在3.70%~5.56%，Fe_2O_3的含量在4.05%~7.23%，K_2O的含量在1.80%~2.73%，MgO的含量在2.20%~3.26%，MnO的含量在0.06%~0.15%，Na_2O的含量在0.92%~1.63%，P_5O_2的含量在0.15%~0.22%，SiO_2的含量在53.55%~68.47%，TiO_2的含量在0.77%~1.20%。根据NB1孔沉积物常量元素含量均值，SiO_2(59.79%)>Al_2O_3(12.98%)>Fe_2O_3(5.92%)>CaO(4.78%)>MgO(2.72%)>K_2O(2.37%)>Na_2O(1.21%)>TiO_2(1.00%)>P_5O_2(0.18%)>MnO(0.11%)。

如表4-10所示，除CaO外，NB1孔沉积物中的SiO_2、Al_2O_3、Fe_2O_3、MgO、K_2O、Na_2O、TiO_2、P_5O_2、MnO含量均大于中国沉积圈中相应元素的含量，显示了长江南京—镇江段现代河漫滩沉积常量元素的富集。

表4-10　中国沉积圈和NB1孔常量元素含量　　(单位:%)

指标	Al_2O_3	CaO	Fe_2O_3	K_2O	MgO	MnO	Na_2O	P_2O_5	SiO_2	TiO_2	参考文献
中国沉积圈	9.61	10.43	2.37	2	2.27	0.03	0.3	0.16	57.61	0.41	黎彤，1988
NB1孔元素平均值	12.98	4.78	5.92	2.37	2.72	0.11	1.21	0.18	59.79	1.00	本研究数据

在垂向上，NB1孔常量元素含量总体平稳，在部分层位有较大的波动，其中Al_2O_3、Fe_2O_3、K_2O、MgO、MnO、P_2O_5、TiO_2在沉积岩心中的含量变化趋势基本一致，SiO_2和Na_2O与Al_2O_3等常量元素的含量变化趋势相反，CaO的含量变化趋势与其他元素均不相同。根据沉积岩心常量元素的组成特征，可将NB1沉积岩心划分为6个层位（图4-11）。

1）160~173 cm，该层各常量元素波动明显，其中Al_2O_3、Fe_2O_3、K_2O、MgO、MnO、P_2O_5、TiO_2均有一个明显的含量低峰，分别为9.44%、4.05%、1.80%、2.20%、0.06%、0.15%、0.77%，为这些元素在沉积岩心中的最小含量；SiO_2和Na_2O则出现一个含量高峰，其中SiO_2在该层的最大含量为68.47%，为NB1孔SiO_2的最大含量，

Na_2O 在该层的含量也较高，在该层位的最大含量为 1.61%（沉积岩心最大含量为 1.63%）；CaO 的含量在该层的波动非常明显。

2）102~160 cm，该层中各常量元素呈小幅波动，Al_2O_3、Fe_2O_3、K_2O、MnO、P_2O_5、TiO_2的含量由下往上呈增加趋势，而 MgO 的含量则基本保持稳定；SiO_2和 Na_2O 的含量由下往上呈减少趋势；CaO 的含量波动较其他常量元素的波动明显，但没有明显的增加或减少趋势。

3）87~102 cm，除 CaO 外，其他各常量元素含量在该层中有非常明显的变化，Al_2O_3、Fe_2O_3、K_2O、MnO、P_2O_5、TiO_2的含量突然减少，出现新的低峰；SiO_2和 Na_2O 的含量突然增加，SiO_2在该层的含量增加至 67.34%（NB1 孔 SiO_2的最大含量为 68.47%），Na_2O 的含量增加至 1.63%，为 NB1 孔 Na_2O 的最大含量。

4）60~87 cm，除 CaO 含量在该层保持稳定外，其他各常量元素含量在该层中有非常明显的波动，Al_2O_3、Fe_2O_3、K_2O、MnO、P_2O_5、TiO_2的含量波动上升，SiO_2和 Na_2O 的含量波动下降。

5）23~60 cm，该层位各常量含量基本稳定，CaO 含量在 50 cm 以上明显减少。

6）表层至 23 cm，各常量元素含量再次波动，其中 Al_2O_3、Fe_2O_3、K_2O、MnO、P_2O_5、TiO_2的含量波动减少，SiO_2、Na_2O 和 CaO 含量波动增加。

（2）NB1 孔微量元素含量

微量元素是沉积物元素含量低于 0.1% 的化学元素，是沉积物环境地球化学的指示剂和示踪剂。河漫滩沉积物被水体冲刷、搬运然后再沉淀，沉积物中的微量元素随着这个沉积过程被重新分配和组合。本研究主要分析了 NB1 孔中 11 个微量元素的含量特征，分别是 Ni、Cu、Zn、Pb、Cr、Rb、Sr、Zr、Ba、Co 和 V，其中 Ni 的含量在 23.66~48.53 mg/kg，Cu 的含量在 17.23~71.21 mg/kg，Zn 的含量在 55.01~190.67 mg/kg，Pb 的含量在 17.69~77.29 mg/kg，Cr 的含量在 72.21~104.00 mg/kg，Rb 的含量在 67.89~77.92 mg/kg，Sr 的含量在 117.42~174.46 mg/kg，Zr 的含量在 201.14~457.70 mg/kg，Ba 的含量在

425.00～606.88 mg/kg，Co 的含量在 9.71～24.66 mg/kg，V 的含量在 76.76～129.49 mg/kg。根据 NB1 孔沉积物微量元素含量均值，Ba（536.41 mg/kg）>Zr（274.46 mg/kg）>Sr（145.05 mg/kg）>Zn（127.43 mg/kg）>V（107.26 mg/kg）>Rb（105.14 mg/kg）>Cr（88.52 mg/kg）>Cu（49.45 mg/kg）>Pb（45.10 mg/kg）>Ni（37.40 mg/kg）>Co（18.38 mg/kg）（图 4-12）。

如表 4-11 所示，除了 Sr 和 Co 外，NB1 孔其他微量元素的含量均大于中国沉积圈相应微量元素含量（黎彤，1988），指示 NB1 孔这些微量元素的富集。

表 4-11　中国沉积圈微量元素背景值与 NB1 孔微量元素含量　（单位：mg/kg）

指标	Pb	Cu	Zn	Ni	Cr	Rb	Sr	Zr	Ba	Co	V	参考文献
中国沉积圈	11.00	28.00	45.00	25.00	52.00	95.00	330.00	130.00	260.00	33.00	54.00	黎彤，1988
NB1 孔元素平均值	45.10	49.45	127.43	37.40	88.52	105.14	145.05	274.46	536.41	18.38	107.26	本研究数据

在垂向上，Ni、Cu、Zn、Pb、Cr、Rb、Ba、Co、V 的垂向分布基本一致，总体呈由下往上增加的趋势，与常量元素 Al_2O_3、Fe_2O_3、K_2O、MgO、MnO、P_2O_5、TiO_2 在沉积岩心中的垂向分布相似；Sr、Zr 在 NB1 孔的含量分布特征一致，总体呈由下往上减少的趋势，与常量元素 SiO_2 和 Na_2O 在沉积岩心中的垂向分布相似。NB1 孔中微量元素含量的变化特征与常量元素含量的变化特征具有很好的对应关系，也可以划分为 6 个层位（图 4-12）。

1）160～173 cm，Ni、Cu、Zn、Pb、Cr、Rb、Ba、Co、V 的含量为 NB1 孔含量最低的层位，均值分别为 26.16 mg/kg、26.05 mg/kg、69.32 mg/kg、21.66 mg/kg、77.78 mg/kg、78.20 mg/kg、494.90 mg/kg、11.50 mg/kg、84.50 mg/kg，其中 Cu、Zn、Pb、Cr、Rb、Co、V 的最小含量出现在该层位；Sr、Zr 在该层的含量均值分别为 165.40 mg/kg 和 366.00 mg/kg，是 NB1 孔 Sr、Zr 含量最高的层位，两元素含量最高

值出现在该层。

2）101～160 cm，Ni、Cu、Zn、Pb、Cr、Rb、Ba、Co、V 的含量波动较小，整体呈上升趋势，含量均值分别为34.77 mg/kg、44.26 mg/kg、110.99 mg/kg、36.69 mg/kg、86.51 mg/kg、97.70 mg/kg、528.70 mg/kg、17.20 mg/kg、102.80 mg/kg；Sr、Zr 含量呈下降趋势，含量均值分别为150.50 mg/kg、306.00 mg/kg。

3）85～101 cm，各元素含量波动明显，特别是在100 cm附近，元素含量出现新的低峰或高峰值，其中 Ni、Cu、Zn、Pb、Cr、Rb、Ba、Co、V 的含量在100 cm附近明显降低，含量均值分别为 31.81 mg/kg、36.21 mg/kg、94.93 mg/kg、31.20 mg/kg、84.29 mg/kg、92.60 mg/kg、505.80 mg/kg、15.50 mg/kg、97.00 mg/kg；Sr、Zr 含量在100 cm附近明显增加，含量均值分别为153.80 mg/kg、269.90 mg/kg。

4）60～85 cm，Ni、Cu、Zn、Pb、Cr、Rb、Ba、Co、V 的含量在该层呈波动上升的趋势，含量均值分别为 47.73 mg/kg、54.10 mg/kg、135.39 mg/kg、48.27 mg/kg、92.58 mg/kg、113.80 mg/kg、566.50 mg/kg、20.60 mg/kg、117.40 mg/kg；Sr、Zr 含量波动较小，呈下降趋势，均值分别为 143.80 mg/kg、246.00 mg/kg。

5）23～60 cm，各元素含量基本保持稳定，Ni、Cu、Zn、Pb、Cr、Rb、Ba、Co、V 的含量均值分别为 46.00 mg/kg、66.87 mg/kg、177.16 mg/kg、69.52 mg/kg、97.16 mg/kg、124.20 mg/kg、571.10 mg/kg、22.40 mg/kg、122.40 mg/kg；Sr、Zr 的含量均值分别为 131.70 mg/kg、217.20 mg/kg。

6）表层至23 cm，Ni、Cu、Zn、Pb、Cr、Rb、Ba、Co、V 的含量较第 5 层明显减少，含量均值分别为 36.86 mg/kg、55.06 mg/kg、142.93 mg/kg、48.92 mg/kg、85.09 mg/kg、111.60 mg/kg、517.40 mg/kg、19.10 mg/kg、105.80 mg/kg；Sr、Zr 的含量较第5层增加，含量均值分别为 134.10 mg/kg、250.90 mg/kg。

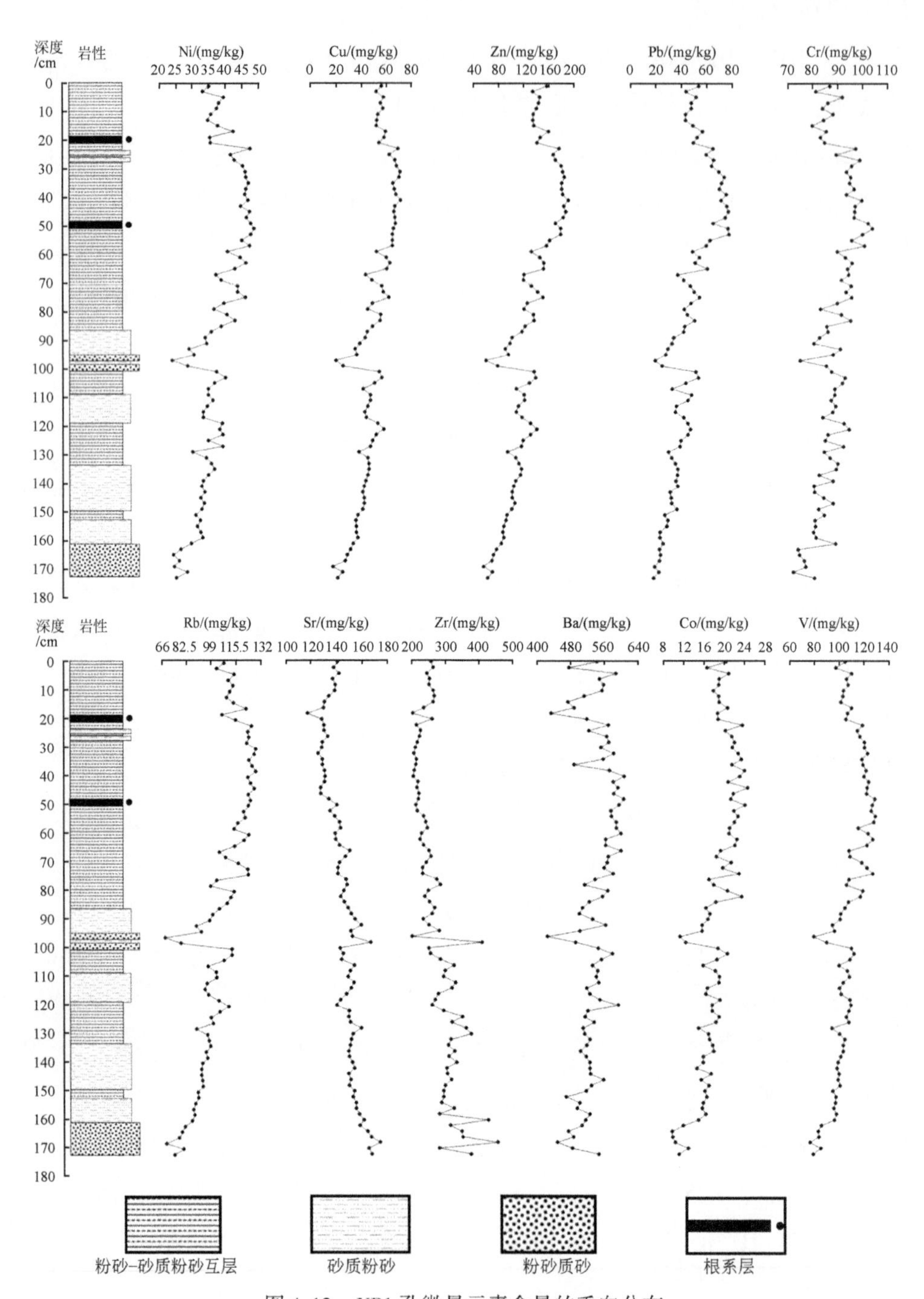

图 4-12　NB1 孔微量元素含量的垂向分布

(3) NB1 孔元素与粒度的相关性

粒度组成是影响沉积物元素含量的重要因素（姚书春等，2005；刘恩峰等，2006；林春野等，2008；王昕等，2012），“元素的粒度控制率”已被很多学者证实（王金土，1990；吴明清，1991；赵一阳和鄢明才，1993）。为探讨长江下游现代河漫滩沉积粒度组成对沉积物元素含量的影响，将 NB1 孔沉积物中的 10 个常量元素 Al_2O_3、CaO、Fe_2O_3、K_2O、MgO、MnO、Na_2O、P_5O_2、SiO_2、TiO_2和 11 个微量元素 Ni、Cu、Zn、Pb、Cr、Rb、Sr、Zr、Ba、Co、V 含量与沉积物中值粒径、砂、粉砂和黏土含量进行 Pearson 相关性分析，元素与沉积物粒度的相关性见表 4-12。根据元素与沉积物粒度的相关性，将 NB1 孔沉积物中的元素划分为 3 种类型。

1）常量元素 Al_2O_3、Fe_2O_3、K_2O、MgO、MnO、P_5O_2、TiO_2和微量元素 Pb、Rb、Ba、Zn、Cu、Co、Ni、Cr、V 与中值粒径、粉砂和黏土含量明显正相关，与砂含量明显负相关。这些相关性特征显示元素主要吸附在沉积物中的细颗粒物质上，粉砂和黏土含量越多，沉积物中这些元素的含量越高。沉积物中的 Al_2O_3、Fe_2O_3和 MgO 等具有明显的亲黏土性，主要赋存于细粒陆源碎屑和黏土矿物中，与细颗粒组分具有较好的相关性（赵一阳和鄢明才，1993；Singh and Benerjee，1999）；同时，由于细颗粒沉积物能够提供更多的吸附位，沉积物中的微量元素大多倾向于吸附在细颗粒的悬浮物质上（Horowitz and Elrick，1987），因此，NB1 孔沉积物中绝大部分常量元素和微量元素与沉积物粉砂、黏土含量正相关。

2）常量元素 SiO_2、Na_2O 和微量元素 Sr、Zr 与中值粒径、粉砂和黏土含量负相关，与砂含量正相关。这些元素主要富集在沉积物中的粗颗粒上，沉积物中砂含量越高，沉积物中这些元素的含量越多。SiO_2通常赋存在石英碎屑和其他硅酸盐碎屑等较粗颗粒的陆源碎屑中进行搬运（刘广虎等，2006），因而其含量与粗颗粒物质含量正相关。Na 在地壳中的丰度大，能形成大量的独立矿物，自然界已发现 206 种

表 4-12　NB1 孔沉积物元素含量与粒度相关性

指标	Al_2O_3	Fe_2O_3	K_2O	MgO	MnO	P_2O_5	TiO_2	SiO_2	Na_2O	CaO	Pb	Rb	Ba	Zn	Cu	Co	Ni	Cr	V	Sr	Zr
中值粒径	0.88	0.9	0.89	0.83	0.88	0.79	0.79	-0.89	-0.86	-0.12	0.81	0.87	0.59	0.84	0.87	0.88	0.86	0.78	0.88	-0.74	-0.67
砂	-0.85	-0.86	-0.84	-0.79	-0.84	-0.75	-0.77	0.86	0.82	0.13	-0.75	-0.83	-0.57	-0.8	-0.84	-0.86	-0.81	-0.72	-0.84	0.73	0.64
粉砂	0.84	0.84	0.83	0.76	0.83	0.76	0.73	-0.84	-0.82	-0.19	0.74	0.83	0.54	0.8	0.83	0.85	0.8	0.68	0.82	-0.75	-0.66
黏土	0.71	0.77	0.73	0.78	0.74	0.59	0.77	-0.77	-0.69	0.09	0.65	0.7	0.57	0.65	0.69	0.74	0.72	0.74	0.79	-0.53	-0.5

Na的矿物，主要是硅酸盐，约占Na矿物总数的43%（牟保磊，1999）。正是由于Na主要保存在硅酸盐这一类较粗的陆源碎屑中，其含量与沉积物中粗颗粒物质正相关。Zr主要富集在重矿物中（Fralick and Kronberg，1997），通常存在于细颗粒硅质碎屑沉积物中相对较粗的颗粒中，许多研究也表明Zr一般较多地赋存于砂粒级中（Chen et al.，2006；胡利民等，2014），故沉积物中Zr含量与粗颗粒含量正相关。Sr主要保存在粗颗粒物质中（张虎才，1997），也与沉积物中粗颗粒含量正相关。

3）常量元素CaO与粒度的相关性不明显，与中值粒径、砂、粉砂和黏土含量的相关性分别为-0.12、0.13、-0.19和0.09。大量的研究表明，Ca主要以碳酸盐的形式存在，生物碎屑是其主要来源之一，其含量受生物钙质沉积过程的影响（Zhang，1999；董爱国等，2009；刘明和范德江，2010），NB1孔沉积物中的CaO与沉积物粒度的相关性不明显，指示粒度不是影响CaO的主要因素，沉积物形成过程中的生物作用可能是影响NB1孔沉积物CaO含量的重要因素。

总之，除CaO外，NB1孔沉积物的元素含量与粒度具有明显相关性，显示长江南京—镇江段现代河漫滩沉积元素含量符合“元素的粒度控制规律”。

4.4.2 河漫滩沉积元素分布的影响因素

（1）流域地质背景对NB1孔元素的影响

源岩地球化学组成是控制沉积物元素组成的重要因素，而源岩地球化学特征与流域地质背景有关。元素分析表明，NB1孔沉积物中的SiO_2和Al_2O_3是现代河漫滩沉积常量元素的主要组成部分，两者平均占沉积物元素总含量的72.76%，其次为Fe_2O_3和CaO，两者平均占沉积物元素总含量的10.71%，与长江沉积物中这两组常量元素的比值分别是80%和10%的比例相当（李娟等，2012）。其中SiO_2是现代河漫滩沉积物中主要的常量元素，平均占沉积物元素总含量的59.79%。Si

是自然界丰富的元素之一，约占地壳总质量的28%，风化作用中石英溶解度很低，在其他硅酸盐矿物被破坏或转变为黏土矿物后仍可保留在风化物的剖面中，在碎屑沉积物的砂岩、砾岩中，SiO_2含量在65%～95%，有的石英砂岩几乎是全是SiO_2（99.99%）（牟保磊，1999）。长江流域位于三江古特提斯造山带、秦岭—大别山造山带、华南造山带、扬子地台等构造单元之上，流域内包含复杂的基岩类型，分布有大面积的碳酸盐岩石、陆地碎屑沉积岩和蒸发岩以及较多的片麻岩、片岩、侵入岩等（范德江等，2001）。Si的特性以及长江流域大面积分布的陆地碎屑沉积岩，直接导致NB1孔中较高的SiO_2含量。Al在地壳中的丰度仅次于Si，且长江以南发育不同富铝化程度的砖红壤、红壤和黄壤，这些土壤随流水进入长江，使长江水流挟带的颗粒中富含Al（陈静生，2006），这些富含Al的颗粒随漫滩洪水进入河漫滩形成沉积，使河漫滩沉积物中Al含量增加。

分析表明，除CaO、Sr和Co外，NB1孔沉积物中大多数常量和微量元素高于中国沉积圈相应元素的含量。由于长江流域内基岩种类复杂多样，使得长江流域岩石中富含大多数过渡金属元素（如铁族元素及亲铜元素），这些岩石风化后进入长江，被流水挟带至下游地区。元素分析表明，长江沉积物中富含K、Fe、Mg和Al等常量元素和绝大多数微量元素，尤其是第一过渡金属元素中的Fe、Ti、Mn、V、Cr、Pb、Cu、Zn、Co、Ni等（屈翠辉等，1984；杨守业和李从先，1999；刘明和范德江，2009；范代读等，2012）。河漫滩沉积物主要由河流挟带而来，因此河漫滩沉积物中相应元素的含量较高。

（2）风化作用对NB1孔元素的影响

风化作用可以影响元素的分配，不同类型的风化作用对元素的分配有不同的影响。在化学风化作用下，可溶性盐会大量流失，在表生作用中活性较强的元素（如Ca、Na、K等）会转移到水体中流失；而惰性难迁移的元素（如Al、Fe、Mn和Ti等）则残留在沉积物中发生富集（范德江等，2001；柏道远等，2011）。研究表明，长江流域的风化作用以化学风化作用为主（范德江等，2001），风化指数（CIA）

在6左右（张经，1996），其计算公式为

$$CIA=\frac{Al_2O_3}{Al_2O_3+CaO+Na_2O+K_2O}\times100$$

根据公式计算得知NB1孔的风化指数60.67%，与长江流域风化指数一致。由于风化作用较强，NB1孔沉积物中的Ca被转移到水体中流失，使NB1孔中CaO的含量低于中国沉积圈。许多研究也表明，尽管长江中上游存在大量碳酸岩，但由于化学风化作用中Ca最易迁移、淋失，长江下游地区沉积物中Ca的含量依然较低（张朝生，1998；杨守业和李从先，1999）。Co是较活泼的金属，在表生氧化条件下能形成络阴离子，组成易溶的盐类在水体或土壤中迁移。长江下游地区的化学风化作用较强（刘英俊和曹励明，1993），Co容易溶于水体被迁移带走，使得河漫滩沉积物中Co的含量低于中国沉积圈。

（3）沉积水动力对NB1孔元素的影响

前文分析表明，长江南京—镇江段河漫滩沉积物的粒径大小与沉积水动力密切相关，沉积水动力越大，沉积物颗粒越粗，反之沉积水动力越小，沉积物颗粒越细。相关性分析表明，NB1孔沉积物元素分布符合“元素的粒度控制规律”。可见，沉积水动力通过河漫滩沉积物粒度影响沉积物中的元素分布。

在NB1孔中，绝大部分元素的含量高于中国沉积圈，显示了沉积物中常量元素的富集。长江下游地区约79.2%的沉积物来自上游区域，中下游区域只占小部分（高宏等，2001）。由于长江下游地区比降减小、流速减缓，沉积水动力减弱，挟带的沉积物粒径减小，形成的河漫滩沉积物颗粒较细。前文分析表明，沉积物中大量元素趋向于吸附在细颗粒物质上，在长江下游地区，由于沉积物以细颗粒为主，元素在长江下游地区富集。在NB1孔，沉积物中的Sr含量低于中国沉积圈。Sr位于元素周期表第五周期第二主族，火成岩中在风化作用中比较稳定的斜长石和钾长石是Sr的主要载体（张虎才，1997）。由于Sr的载体不易风化，自然界中的Sr多存在于较粗的颗粒中。长江下游

河漫滩沉积物粒径较细，以粉砂为主，粗颗粒含量较少，导致河漫滩沉积物中的Sr含量较低。

（4）人类活动对NB1孔元素的影响

与长江下游水系沉积物背景值（张立成等，1996）相比，NB1孔微量元素Pb、Cu、Zn、Ni、Cr 、Co和V的含量偏高，显示了微量元素的富集（表4-13）。长江下游河漫滩沉积物颗粒较细，微量元素易于吸附在细颗粒表面，导致微量元素的富集。不过，部分微量元素含量远高于长江下游水系沉积物背景值，如河漫滩沉积物中Cu的含量超过背景值的2倍，Pb、Zn、Ni、Cr的含量也远远高出背景值，河漫滩沉积物微量元素富集除受细颗粒沉积物的影响外，还受其他因素影响。

表4-13　NB1孔微量元素含量与背景值　　（单位：mg/kg）

指标	Pb	Cu	Zn	Ni	Cr	Co	V	数据来源
NB1孔元素平均值	45	49.6	127.5	37.4	88.5	18.4	107.2	本研究数据
长江下游水系沉积物背景值	23.5	16.4	77.1	20.7	46	10.8	102	张立成等，1996

随着社会经济的快速发展，人类活动对自然环境的影响越来越显著，大量人类活动带来的重金属元素进入河流。前人对长江干流沉积物元素含量的研究表明，长江沉积物，特别是主要城市近岸水域沉积物均已受到不同程度的污染，主要污染元素为Zn、Pb、Cu、Ni、Co和V等（高宏等，2001）。可见，NB1孔沉积物中这些微量元素的富集与流域人类活动密切相关。

4.4.3　河漫滩沉积地球化学元素指示洪水事件和重金属污染的可行性

沉积物化学元素含量往往与沉积物粒度密切相关，部分研究基于沉积物元素含量与沉积物粒径的相关性，探讨元素含量变化对河漫滩沉积环境的指示意义。例如，在高陵渭河，通过对河漫滩沉积剖面中105个样品的分析，发现河漫滩沉积物Hg含量与沉积物粒度有明显相关性，可以间接指示洪水动力变化（赵景波等，2006）。对泾河泾阳段高漫滩沉积物的研究也发现沉积物元素含量与沉积物粒度密切相关，Mn、Cu、Ba、Al_2O_3、Fe_2O_3、K_2O均可指示过去洪水强度（顾静等，2010）。与沉积物粒度指标相关性较大的元素指标可以指示流域沉积环境，具有较大的研究潜力。前文分析表明，长江下游现代河漫滩沉积元素含量符合“元素的粒度控制规律”，沉积物元素含量指标可以较好地反映流域自然环境。此外，受人类活动影响，长江下游河漫滩沉积中的微量元素明显富集，可根据河漫滩沉积物中重金属含量变化，探讨河漫滩沉积的环境质量及其记录的重金属污染历史。

4.4.4 小结

在长江下游现代河漫滩沉积中，SiO_2和Al_2O_3是最主要的常量元素，其次为Fe_2O_3和CaO；除CaO、Sr和Co外，其他元素呈富集状态。除CaO外，河漫滩沉积元素含量符合“元素的粒度控制规律”，其中常量元素Al_2O_3、Fe_2O_3、K_2O、MgO、MnO、P_5O_2、TiO_2和微量元素Pb、Rb、Ba、Zn、Cu、Co、Ni、Cr、V与中值粒径、粉砂和黏土含量明显正相关，与砂含量明显负相关；常量元素SiO_2、Na_2O和微量元素Sr、Zr与中值粒径、粉砂和黏土含量负相关，与砂含量正相关。

流域地质背景、风化作用、沉积水动力和人类活动是影响长江下游现代河漫滩沉积元素含量的重要因素：①流域地质背景。长江流域内基岩种类复杂多样，流域岩石中含有较多过渡金属元素（如铁族元素及亲铜元素），影响流域沉积物的元素含量，使得现代河漫滩沉积物中富含K、Fe、Mg和Al等常量元素和绝大多数微量元素，尤其是第一过渡金属元素中的Fe、Ti、Mn、V、Cr、Pb、Cu、Zn、Co、Ni等。②化学风化作用。长江下游现代河漫滩沉积的化学风化作用较强，导致在表生作用中活性较强的 Ca、Co 转移流失；惰性难迁移的元素 Al 等则残留在沉积物中发生富集。③沉积水动力。沉积水动力通过影响河漫滩沉积物粒度影响沉积物中的元素分布，由于长江下游沉积水动力较弱，流水挟带的沉积物粒径较小，形成的现代河漫滩沉积物颗粒较细，趋向于吸附在细颗粒物质上的元素在南京—镇江现代河漫滩沉积中富集。自然界中的 Sr 多存在于较粗的颗粒中，长江下游河漫滩沉积物粒径较细，粗颗粒含量较少，导致河漫滩沉积物中的 Sr 含量较低。④人类活动。人类活动是长江下游长江南京—镇江段现代河漫滩沉积微量元素明显富集的重要原因。

4.5 长江南京—镇江段现代河漫滩微层理的元素地球化学特征

4.5.1 河漫滩沉积微层理元素分布特征

通过 XRF 岩心扫描分析，获得 NB2 孔中常量元素 Al、Fe、K、Ti、Si、Ca 和微量元素 Pb、Rb、Ba、Zn、Cr、Sr、Zr 在 NB2 孔中的含量特征，其中 NB2 孔沉积物常量元素 Al 的含量在 2525 ~ 6663 counts，Fe 的含量在 41 705 ~ 56 829 counts，K 的含量在 9401 ~ 20 851 counts，Ti 的含量在 5998 ~ 14 247 counts，Si 的含量在 22 137 ~ 47 749 counts，Ca 的含量在 27 075 ~ 56 829 counts。微量元素 Pb 的含量在 30 ~ 95 counts，Rb 的含量在 147 ~ 382 counts，Ba 的含量在 253 ~ 679 counts，Zn 的含量在 38 ~ 124 counts，Cr 的含量在 395 ~ 930 counts，Sr 的含量在 293 ~ 544 counts，Zr 在 479 ~ 1137 counts。各元素含量在垂向上的变化趋势相似，其中常量元素具有多个明显的峰值和谷值（图 4-13）。

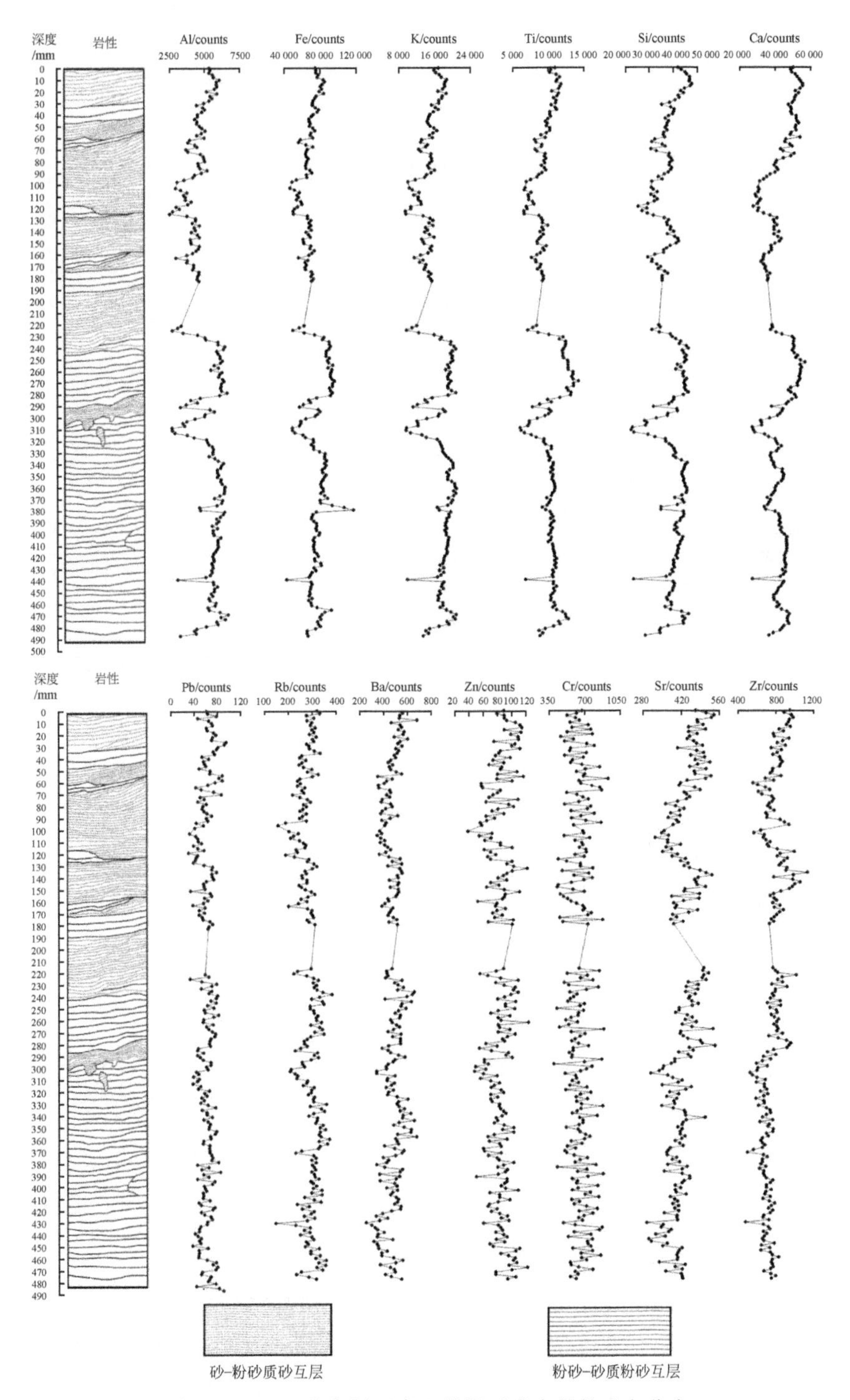

图 4-13　NB2 孔常量元素和微量元素含量的垂向分布

4.5.2 河漫滩沉积微层理元素与粒度的相关性

(1) 河漫滩沉积微层理常量元素与粒度的相关性

NB2 孔常量元素具有明显的波动变化，如表 4-14 所示，NB2 孔在 0 ~ 187 mm 主要为砂-粉砂质砂互层，在 227 ~ 493mm 主要为粉砂-砂质粉砂互层，Al、Ca、Fe、K、Si 和 Ti 在 0 ~ 187 cm 的平均含量低于在 227 ~ 493 cm 的平均含量，显示了沉积物粒度对常量元素分布的影响。

表 4-14 NB2 孔不同层位元素含量均值

深度/mm	Al/counts	Fe/counts	K/counts	Ti/counts	Si/counts	Ca/counts
1 ~ 187	4 431. 37	67 058. 34	14 580. 51	9 265. 26	37 098. 39	42 274. 68
227 ~ 493	5 417. 26	76 875. 04	17 586. 62	10 585. 13	40 210. 31	43 456. 25

在 NB2 孔中各挑出 6 个粉砂质砂层样品和 6 个砂质粉砂层样品，探讨各微层理中粒度与常量元素含量的相关性，挑选出的样品在 NB2 孔中的位置和编号见表 4-15，为直观反映沉积物中常量元素含量特征，将表 4-15 绘制成图（图 4-14）。如图 4-14 所示，Fe、Al、K、Ti 在粉砂质砂中的含量较少，在砂质粉砂中的含量较多，指示这些元素趋向于吸附在细颗粒物质中；特别是在 100 mm（编号为 2）和 231 mm（编号为 5），该两层为 NB2 孔中的砂层，沉积物中的常量元素含量明显低于其他 10 个层位。Ca 元素与 NB2 孔沉积物粒级的关系比较复杂，编号为 1 的粉砂质砂样品中的 Ca 含量高于其他 6 个砂质粉砂样品；编号为 2、5、6 的粉砂质砂样品中的 Ca 含量又低于所有砂质粉砂样品中的 Ca 含量，反映了 NB2 孔中的 Ca 含量与沉积物粒径的相关性不明显，粒度不是影响 Ca 含量的主要因素。前文分析已表明，Ca 主要以碳酸盐的形式存在，生物碎屑是其主要来源之一，其含量受生物钙质沉积过程的影响（Zhang, 1999；董爱国等，2009；刘明和范德江，2010）。有趣的是，在 NB1 孔中，Si 与砂含量正相关，与粉砂和黏土

含量负相关，砂含量越多，Si 含量越高；在 NB2 孔中，Si 在粉砂质砂层中的含量略低于其在砂质粉砂层中的含量。造成 Si 在 NB1 孔和 NB2 孔中与粒度相关性差异的原因需要在以后的研究中进一步分析和探讨。

表 4-15　NB2 孔部分微层理的常量元素含量

深度 /mm	岩性	编号	Al /counts	Fe /counts	K /counts	Ti /counts	Si /counts	Ca /counts
46	粉砂质砂	1	4 297	67 144	14 526	9 953	36 747	51 778
100	粉砂质砂	2	3 034	48 271	10 009	6 884	31 012	31 339
145	粉砂质砂	3	4 042	64 034	13 732	8 842	40 303	42 148
155	粉砂质砂	4	4 048	61 649	13 689	8 513	41 163	40 017
231	粉砂质砂	5	2 675	49 230	9 650	7 082	31 022	37 443
245	砂质粉砂	7	6 447	91 080	20 309	12 366	45 358	50 738
275	砂质粉砂	8	6 366	95 746	19 642	14 247	44 893	53 338
297	粉砂质砂	6	3 244	56 067	11 142	7 766	31 646	37 846
349	砂质粉砂	9	6 133	84 306	20 040	10 347	44 648	39 952
367	砂质粉砂	10	6 417	82 899	20 851	10 906	45 542	39 954
409	砂质粉砂	11	6 133	72 868	19 043	10 462	44 007	46 445
479	砂质粉砂	12	6 455	79 904	20 585	12 797	44 887	46 747

（2）河漫滩沉积微层理微量元素与粒度的相关性

根据图 4-13，NB2 孔中微量元素的含量在沉积岩心上段（0 ~ 187 mm）和下段（227 ~ 493 mm）的平均含量没有明显差别，但微量元素在沉积岩心中有频繁的小幅波动。表 4-16 分别为 6 个粉砂质砂和 6 个砂质粉砂中微量元素 Zn、Pb、Cr、Rb、Sr、Zr 和 Ba 的含量特征。为直观反映 12 个微层理中微量元素的变化趋势，将表 4-16 的数据绘制为图 4-15。

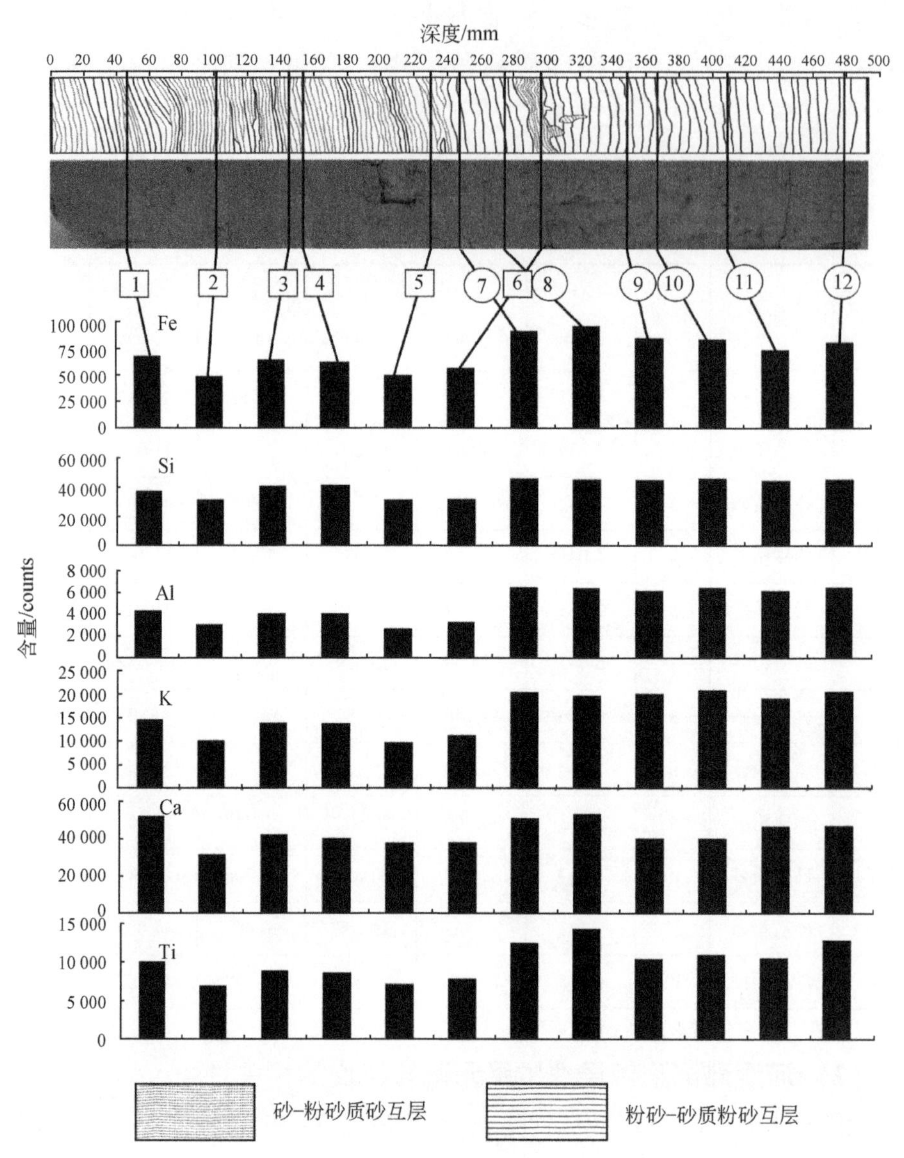

图 4-14　NB2 孔微层理常量元素含量

表 4-16　NB2 孔微层理的微量元素含量

深度/mm	编号	编号	Zn/counts	Pb/counts	Cr/counts	Rb/counts	Sr/counts	Zr/counts	Ba/counts
46	粉砂质砂	1	89	58	561	256	525	869	440

续表

深度/mm	编号	编号	Zn/counts	Pb/counts	Cr/counts	Rb/counts	Sr/counts	Zr/counts	Ba/counts
100	粉砂质砂	2	58	41	589	156	390	941	409
145	粉砂质砂	3	88	74	594	257	533	986	514
155	粉砂质砂	4	65	34	429	255	509	976	454
231	粉砂质砂	5	55	33	528	222	520	819	426
245	砂质粉砂	7	102	80	717	320	479	792	512
275	砂质粉砂	8	81	71	539	292	423	778	505
297	粉砂质砂	6	71	50	584	227	463	776	435
349	砂质粉砂	9	88	56	623	351	431	735	535
367	砂质粉砂	10	103	56	653	333	415	769	626
409	砂质粉砂	11	93	61	629	293	430	766	367
479	砂质粉砂	12	107	52	555	325	339	751	496

由图4-15可见，NB2孔中的Zn、Pb、Cr、Rb、Ba在6个粉砂质砂微层理中的含量略低于6个砂质粉砂微层理中的含量，显示了微量元素趋向于吸附在细颗粒物质的特征。Sr和Zr在6个粉砂质砂微层理中的含量略高于6个砂质粉砂微层理中的含量，这主要是由于Sr、Zr主要吸附在粒级较粗的颗粒。

4.5.3 河漫滩沉积微相分析

长江南京—镇江段广泛发育毫米级的微薄层理，对河漫滩露头NB2孔的微层理分析表明，微层理中包含了丰富的沉积物粒径和元素含量变化信息，记录了丰富的流域环境信息。然而，运用传统分析方法很难实现对这些微层理的高精度、高效率分析，而且由于采样间距过大（厘米级），许多毫米级微层理记录的流域环境信息不能被提取和解读。在长江南京段的NB1孔中，采样间距为1 cm，NB1孔微层理

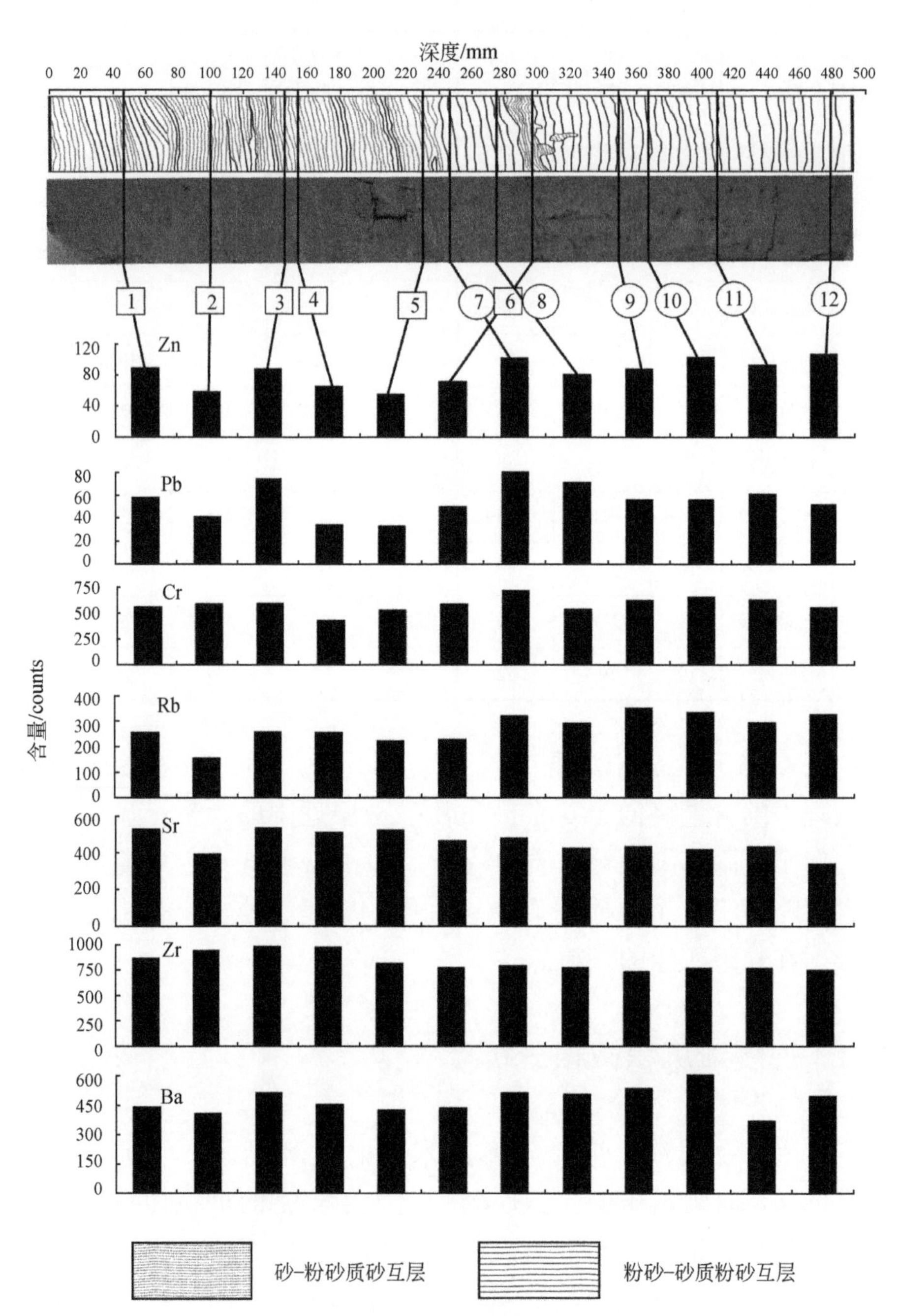

图 4-15　NB2 孔微层理微量元素含量

中记录的环境信息被综合，分析获得的沉积物粒度特征和元素含量特征不能很好地反映20世纪90年代频繁的洪水事件。因此，未来对长江下游现代河漫滩沉积的研究需要加强沉积物的微相分析。

XRF岩心扫描技术是进行沉积物微相分析的重要技术，目前这项分析技术已经被广泛地运用到海洋沉积物（周斌等，2008；姚政权等，2010；Zhao et al.，2011）、湖泊沉积物（Morellón et al.，2009；吴旭东和沈吉，2012；周锐等，2013）和长江水下三角洲沉积物（Wang et al.，2011）的分析研究中，英国的研究者还将XRF岩心扫描技术运用在英国塞文河上游河漫滩沉积的研究中，并重建了3750年来的流域洪水事件（Jones et al.，2012）。作为微相分析的重要方法，XRF岩心扫描技术在未来现代河漫滩沉积的研究中具有较大的应用前景。

4.5.4 小结

现代河漫滩沉积微相分析表明，元素含量在河漫滩沉积微层理上波动明显，且在垂向上的变化趋势基本一致，其中常量元素具有多个明显的峰值和谷值。微层理沉积物中的元素基本符合“元素的粒度控制规律”，但Ca含量与沉积物粒径的相关性不明显。未来的研究要加强现代河漫滩沉积微相分析。

第5章 讨 论

5.1 长江南京—镇江段现代河漫滩沉积记录的流域洪水事件

河漫滩的形成与洪水历史有密切的关系，连续稳定的河漫滩沉积记录可以用于恢复流域的洪水事件。南京段NB1孔所在河道自1954年来未发生横向摆动，河漫滩总体稳定，以垂向加积为主，适用于探讨现代河漫滩沉积记录的流域洪水事件。

5.1.1 河漫滩沉积年代序列

根据实验分析结果，NB1孔中^{137}Cs比活度在0.163～2.380 Bq/kg，均值为1.00 Bq/kg。在沉积岩心表层（0～50 cm）具有较高的^{137}Cs浓度，浓度均值为1.218 Bq/kg。在垂向上，NB1孔的波动较大，分别在73 cm、125 cm和157 cm处出现浓度峰值，对应的^{137}Cs比活度分别为2.23 Bq/kg、2.34 Bq/kg和2.38 Bq/kg（图5-1）。

基于野外考察和对采样当地居民的调查访问以及实验分析，初步判断NB1孔是1954年以来的沉积。在距NB1孔50 m、靠近河道的陡坎上生长着一颗大柳树，其上树直径为2.45 m，中树直径为1.88 m，下树直径为3.07 m（图5-2），柳树树轮指示这棵柳树的年龄不超过30年。当地居民反映采样位置河漫滩在1954年大洪水时被严重的冲刷侵蚀，当前的河漫滩沉积在这次洪水之后逐渐发育增高。有研究报道，在1954年特大洪水期间，研究区域附近被洪水冲刷侵蚀（黄南荣，

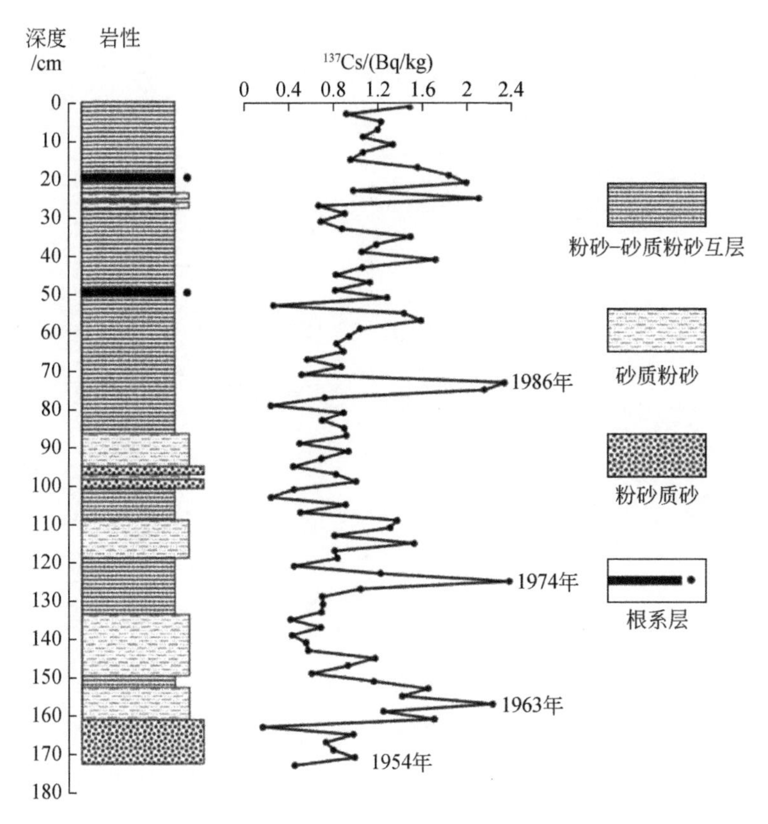

图 5-1　NB1 孔 ^{137}Cs 比活度垂直分布

1959)。所以，NB1 孔底部的砂质沉积层对应 1954 年大洪水侵蚀冲刷后留下的粗颗粒沉积物。

^{137}Cs 放射性测年技术广泛用于重建河漫滩沉积的年代（Walling and He，1997；Humphries et al.，2010；Le Cloarec et al.，2011）。如图 5-1 所示，沉积岩心中 ^{137}Cs 比活度在 73 cm、125 cm 和 157 cm 处出现三个峰值，分别代表 1986 年、1974 年和 1963 年的沉积。NB1 沉积岩心底部 1954 年的砂质沉积层仍包含一些 ^{137}Cs，显示了 ^{137}Cs 的向下迁移。

1986 年 ^{137}Cs 集中沉降后，空气中很少甚至几乎没有 ^{137}Cs 的再沉降。但是在 NB1 孔 0 ~ 50 cm 段 ^{137}Cs 的含量依然较高，指示长江流域沉积物沉降后的再搬运过程。^{137}Cs 从空气中进入沉积物后，偏向于吸附在细颗粒的沉积物上（Walling and He，1997），河流上游吸附着

图 5-2　NB1 孔附近的柳树

^{137}Cs 的沉积物被流水侵蚀进入河流（Łokas et al.，2010）。由于洪水过程中经常伴随着集中的土壤侵蚀（Terry et al.，2002；Dai and Lu，2010），这些吸附着^{137}Cs 的土壤进入河流，并随漫滩洪水被带到河漫滩上沉积。根据南京市水文观测数据，1954 年以来共发生 13 次特大洪水，其中有 8 次大洪水发生在 1986 年以后，这些洪水的最高水位均超过南京市 8.5 m 的警戒水位线。由于洪水较为集中，南京段上游区域相当数量的含有^{137}Cs 的土壤被流水侵蚀进入长江水域，并被带至河流下游，部分沉积物在洪水漫滩过程中沉积在河漫滩上，致使以 NB1 孔为代表的河漫滩沉积在 1986 年以后形成的沉积物中仍具有较高的^{137}Cs。

此外，利用^{137}Cs 的蓄积峰位置计算沉积物堆积速率，再根据沉积物的堆积速率和沉积物的厚度推测沉积物的大致年代，其计算公式为

$$S = H/(T_i - T_j)$$

$$T_o = H/S$$

式中，S 为沉积物平均沉积速率；T_i为样品采集年代；T_j为^{137}Cs 比活度峰值指示的年代；H 为沉积物柱样中^{137}Cs 浓度不同峰值对应的深度；

T_0为某一沉积深度所对应的年代。根据公式计算，NB1 孔在 23 cm、60 cm 和 100 cm 对应的年代分别为 2003 年、1990 年和 1980 年。

5.1.2　河漫滩沉积粒度特征记录的流域洪水事件

沉积物粒径大小与沉积动力密切相关。在河流环境中，根据河流动能计算公式 $E=1/2\ mv^2$ 可知，河流动能（E）与流量（m）和流速（v）的平方成正比，流量越大，河水动能越大（曹伯勋，1995）。河流水动力越大，流水能够挟带的沉积物颗粒越粗，反之，河流水动力越小，流水能够挟带的沉积物颗粒越细。洪水期间，由于河流流量增加、流速增快，河流水动力增强，能够挟带的沉积物颗粒增粗，形成的沉积物粒径随之增大。河漫滩沉积是河流沉积的重要组成部分，洪水期间漫滩洪水挟带的悬浮物质在河漫滩上沉积，其粒径大小可以反映洪水规模：相同条件下，洪水规模越大，形成的河漫滩沉积物颗粒越粗；洪水规模越小，形成的河漫滩沉积物颗粒越细。

在 NB1 孔中，沉积物粒度在垂向上的波动较大（图 5-3），其中平均粒径在 3.90 ~ 6.72 φ，0 ~ 2 φ 的组分含量在 0% ~ 7.84%，平均含量为 1.92%；2 ~ 4 φ 的含量在 1.22% ~ 67.78%，平均含量为 2.19%；>4 φ 的沉积物含量在 31.23% ~ 98.78%，平均含量为 76.15%。根据沉积物的粒度特征，将 NB1 孔的粒度变化划分为 6 个阶段。

第一个阶段为 160 ~ 173 cm，该层沉积物粒度较粗，包含较多的砂组分。年代分析表明，该层为 1954 年的沉积。1954 年，长江流域发生百年未遇特大流域性洪水，南京下关水文站观测到的最高洪水位为 10.22 m，最大洪峰流量为 92 600 m^3/s。根据长江水文资料，1954 年南京下关水文站测得的水位超过 6.27m 的时间为 204 天，其中水位超过 9 m 的漫滩时间达 3 个月（7 ~ 9 月），洪水漫滩之久为前所未有，这次大洪水造成研究区域河岸和附近河漫滩的严重侵蚀（黄南荣，1959），沉积物中的细颗粒物质被洪水挟带到下游地区。160 ~ 173 cm 形成的粗颗粒的粉砂质砂层与 1954 年大洪水期间经历的侵蚀和沉积的

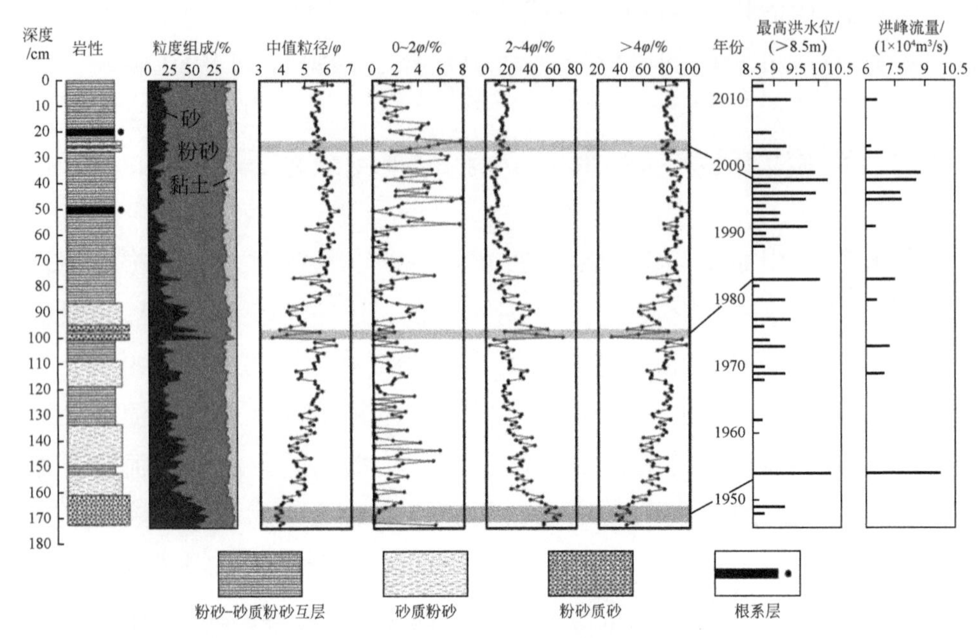

图 5-3 NB1 孔的岩性、粒度变化、历年洪水位和特大洪灾对应的最大流量

双重过程有关。

第二个阶段为 101 ~ 160 cm，为 20 世纪 50 年代中后期到 70 年代的沉积，沉积期内长江下游发生的特大洪水较少。由于该时段内河漫滩表面高程较低，在其上形成的漫滩洪水深度较大，漫滩洪水沉积水动力较强，形成的沉积物颗粒相对较粗。由图 5-3 可见，该层沉积物的粒径相对较粗，包含厚层的砂质粉砂层。

第三个阶段为 85 ~ 101 cm，为 20 世纪 80 年代初的沉积。该层沉积物粒度相对较粗，含有粉砂质砂层。根据长江水文资料，1983 年长江流域发生大洪水，长江的大洪水往往和暴雨有关，1983 年 6 ~ 7 月的大暴雨形成了特大洪水，南京下关水文站监测到的洪水位在 7 月 1 日达到 8.52 m，7 月 13 日到达 9.99 m，这次洪水是自 1954 年大洪水后长江发生的最大洪水，最大流量为 64 000 m^3/s，超过 8.5 m 洪水警戒线的时间持续了 35 天。由于洪水动力大，1983 年长江下游流水挟带的悬浮沉积物中>50 μm 的组分显示了两个明显的峰值（吴月英和彭立功，2005）。可见，NB1 孔中 96 ~ 100 cm 的粗颗粒沉积是 1983 年大洪水形成的沉积。

第四个阶段为 60 ~ 85 cm，为 20 世纪 80 年代中后期的沉积。该层沉积物平均粒径波动减小，指示随着河漫滩高程增加，相同规模洪水形成的漫滩深度变小，漫滩沉积水动力减弱，形成的沉积物颗粒随之变细。

第五个阶段为 23 ~ 60 cm，对应的沉积时间为 20 世纪 90 年代至 2003 年。90 年代是长江流域大洪水频发时期，集中发生了包括 1998 年特大洪水在内的 6 次特大洪水，分别发生在 1991 年、1992 年、1995 年、1996 年、1998 年、1999 年，对应的最高洪水位分别为 9.7 m、9.06 m、9.66 m、9.89 m、10.14 m、9.88 m，最高流量分别为 63 800 m^3/s、67 700 m^3/s、75 500 m^3/s、75 100 m^3/s、82 300 m^3/s、83 900 m^3/s。然而，与在 1954 年和 1983 年大洪水期间形成的粗颗粒的沉积物不同，20 ~ 60 cm 段没有明显的砂质沉积层，且沉积物的组成、中值粒径、2 ~ 4 φ 和 >4 φ 的组分的变幅较小。但该层中的粗颗粒组分（0 ~ 2 φ）突然增加，这是由于沉积物粒度和最大洪水量之间具有正相关关系，该组分的增加可能响应了 90 年代频发的大洪水。

第六个阶段为 0 ~ 23 cm，沉积时间大致为 2003 ~ 2012 年，沉积物中 0 ~ 2 φ 组分较上一阶段减少。2003 年以来，长江下游洪水频率和规模减小，仅在 2010 年发生小规模洪水，沉积物中 0 ~ 2 φ 组分含量减少是对这一现象的响应。

为进一步反映洪水事件沉积粒度特征，分别挑选 5 个 1954 年洪水沉积样品和 2 个 1983 年洪水沉积样品，其粒度组成及粒度参数见表 5-1。洪水事件沉积的粒度组成主要是粉砂质砂，其中砂含量在 54.51% ~ 68.77%，粉砂含量在 27.82% ~ 38.23%，黏土含量为 3.41% ~ 7.30%。就粒度参数而言，洪水事件沉积的平均粒径在 3.90 ~ 4.47 φ，平均粒径较粗，显示洪水时期河漫滩沉积水动力较大；分选系数在 1.51 ~ 1.91，分选较差，这主要是由于大洪水时期漫滩洪水具有脉冲性的特点，洪水动能稳定性较差；偏态在 1.11 ~ 2.03，为正偏到极正偏，表明峰偏向粗颗粒一侧，沉积物以粗组分为主；峰态在 4.30 ~

7.57，丰度为窄到非常窄，沉积物粒径的集中程度较高。

表 5-1　1983 年和 1954 年洪水事件沉积的粒度组成和粒度参数

洪水事件	最大洪峰流量/(m^3/s)	砂/%	粉砂/%	黏土/%	平均粒径/φ	分选系数	偏态	峰态
1983 年洪水	64 000	54.51	38.19	7.30	4.47	1.88	1.36	4.30
		68.77	27.82	3.41	3.90	1.52	1.97	7.42
1954 年洪水	92 600	62.34	32.76	4.90	4.14	1.68	1.71	5.89
		65.02	31.21	3.77	4.02	1.51	2.03	7.57
		59.60	36.27	4.13	4.16	1.54	1.91	7.02
		62.31	33.53	4.16	4.10	1.56	1.95	7.16
		55.69	38.23	6.08	4.26	1.91	1.11	4.40

5.1.3　河漫滩沉积元素特征记录的流域洪水事件

前文分析表明，长江下游现代河漫滩沉积元素含量符合“元素的粒度控制规律”，沉积物元素含量指标可以较好地反映流域沉积环境。长江下游河漫滩沉积物中的 Al_2O_3、Fe_2O_3、K_2O、MgO、MnO、P_5O_2、TiO_2与沉积物中的粉砂和黏土含量正相关，与砂含量明显负相关；SiO_2、Na_2O 与沉积物中的粉砂和黏土含量负相关，与砂含量明显正相关。NB1 孔沉积物中的粒度大小与洪水规模密切相关：洪水规模越大，形成的沉积物粒度越粗；反之则细。由此可见，洪水规模越大，形成的沉积物越粗，沉积物中的 SiO_2和 Na_2O 的含量越多，Al_2O_3、Fe_2O_3、K_2O、MgO、MnO、P_5O_2、TiO_2 含量越少。由于 Al_2O_3、Fe_2O_3、K_2O、MgO、MnO、P_5O_2、TiO_2 在 NB1 孔中的垂向分布具有相似性，本研究选取 Al_2O_3、Fe_2O_3和 SiO_2、Na_2O 绘制图 5-4。

如图 5-4 所示，根据 NB1 孔沉积物中 Al_2O_3、Fe_2O_3、SiO_2和 Na_2O 的分布特征，将 NB1 孔划分为 6 个阶段。

第一个阶段为 160 ~ 173 cm，该层为 NB1 孔沉积物中 Al_2O_3、Fe_2O_3 含量的谷值段和 SiO_2、Na_2O 含量的峰值段，指示沉积物形成时期沉积

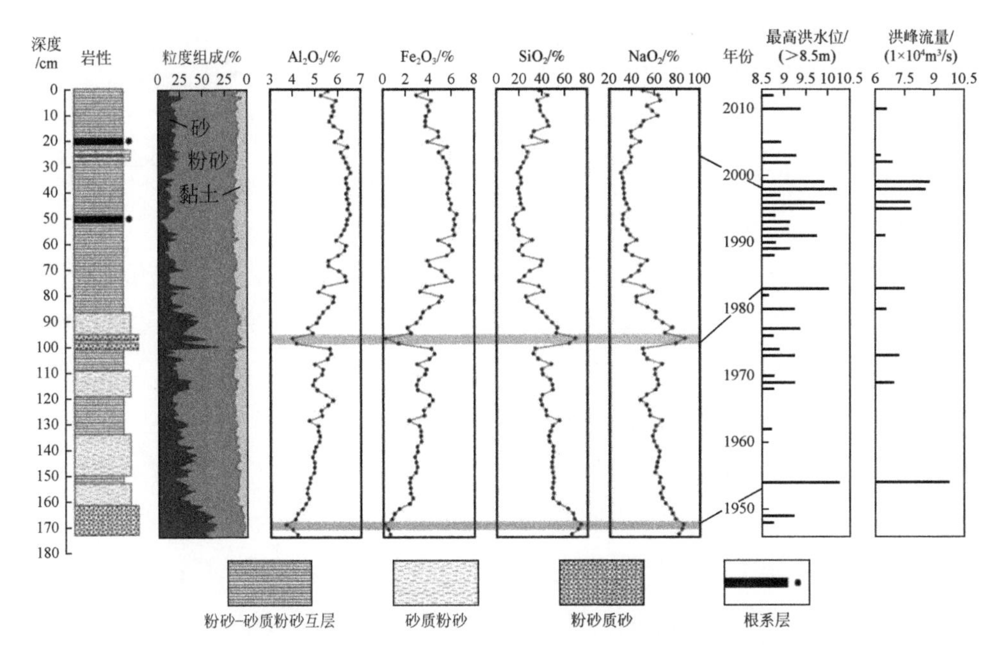

图 5-4　NB1 孔的岩性、常量元素含量变化、历年洪水位和特大洪灾对应的最大流量

水动力较大，较好地响应了 1954 年的洪水事件。

第二个阶段为 101 ~ 160 cm，根据沉积年代序列，该层为 20 世纪 50 年代中后期到 70 年代的沉积，其沉积物中的 Al_2O_3、Fe_2O_3 含量和 SiO_2、Na_2O 含量分别呈现增加和减少趋势，并在 100 ~ 130 cm 出现小幅度波动，指示沉积水动力的变化。根据测年，100 ~ 130 cm 的沉积主要为 60 年代末期到 70 年代的沉积物，在此期间的 1968 年、1969 年、1970 年、1973 年、1974 年、1976 年和 1977 年，南京下关水文站监测到的最高洪水位均超过 8.5 m 警戒线，其最高洪水位分别为 8.72 m、9.2 m、8.73 m、9.19 m、8.85 m、8.71 m 和 9.3 m。洪水位的变化直接影响漫滩洪水深度的变化，进而影响沉积水动力，NB1 孔 100 ~ 130 cm 出现的元素含量的小幅度波动是对该时期漫滩洪水位波动的响应。

第三个阶段为 85 ~ 101 cm，主要形成于 20 世纪 80 年代初期，沉积物中的 Al_2O_3、Fe_2O_3 含量出现明显的谷值，SiO_2、Na_2O 含量出现明显的峰值，指示沉积物形成时期的沉积水动力较大，为 1983 年大洪水时期的沉积。

第四个阶段为60～85 cm，为20世纪80年代中后期的沉积物，该层元素含量的频繁波动，可能是对1988年和1989年高洪水位的响应。据南京下关水位站观测，1988年和1989年的最高洪水位超过南京市洪水警戒线，其最高洪水位分别为8.73 m和9.08 m。

第五个阶段为23～60 cm，该层沉积物中的各常量元素含量比较平稳，指示沉积物的沉积动力较为稳定。据沉积年代序列，该层为20世纪90年代到2003年附近的沉积，在该时期，长江流域在1991年、1995年、1996年、1998年、1999年和2003年发生特大洪水，沉积水动力波动较大。与沉积物粒度特征相同，NB1孔在该时期沉积物中的常量元素含量相对平稳而非明显波动。

第六个阶段为0～23 cm，根据年代序列，该沉积段主要为2003年以来的沉积。该层沉积物中Al_2O_3、Fe_2O_3含量和SiO_2和Na_2O含量较23～60 cm（20世纪90年代到2003年）分别减少和增加，这可能与两个沉积段内的砂含量有关。粒度分析表明，NB1孔河漫滩沉积在0～23 cm段的砂含量为9.34%，在23～60 cm段的砂含量为8.15%，NB1孔在0～23 cm段的砂含量较23～66 cm段的砂含量增加，使得与砂含量负相关的Al_2O_3、Fe_2O_3、K_2O、MgO、MnO、P_5O_2、TiO_2的含量减少，与砂含量正相关的SiO_2和Na_2O的含量增加。经南京下关水文站观测，2000～2012年南京共发生三次大规模洪水，分别是2002年、2003年和2010年，三次洪水对应的最高洪水位分别为9.08 m、9.23 m和9.33 m，对应的最高洪水流量分别为66 900 m^3/s、62 000 m^3/s和64 700 m^3/s。常量元素的波动可能是对该时期内洪水事件的响应。

5.1.4 河漫滩沉积的洪水标志

(1) 泛滥平原区现代河漫滩洪水事件沉积的粒度标志

长江下游的河床比降小，沉积水动力较小，流水挟带的沉积物颗粒较细。在洪水期间，由于河流流量增加，河流水动力增强，流水挟带的沉积物粒径增大。一般情况下，洪水规模越大，漫滩洪水深度越大，形成的漫滩洪水沉积物颗粒越粗；反之，洪水规模越小，漫滩洪水深度越小，形成的漫滩洪水沉积物颗粒越细。在 NB1 孔中的 160 ~ 173 cm 和 88 ~ 100 cm，沉积物粒度较粗，包含较多的砂组分，分别指示 1954 年和 1983 年长江流域发生的大洪水。可见，现代河漫滩沉积粒度大小可以反映流域洪水规模的大小，其中的粗颗粒物质是大洪水事件的沉积标志。国外许多研究也表明，河漫滩沉积的粒度变化包含了丰富的洪水动力信息（Provansal et al.，2010），运用河漫滩沉积粒度的变化可以重建流域的洪水历史，且河漫滩沉积序列中的砂层或粗颗粒物质是大洪水事件的沉积记录（Knox，1993，2006；Wolfe et al.，2006；Terry et al.，2002；Vis et al.，2010；Provansal et al.，2010），如 Knox 和 Daniels（2002）在密西西比河上游河谷河漫滩沉积的研究表明，如果河漫滩沉积物来源不改变，河漫滩沉积物中的砂质沉积层可以作为过去洪水的指示指标。

河漫滩沉积中的洪水沉积标志与山区河流或河谷峡谷段河流的沉积学标志不同，后者的洪水沉积标志主要是平流沉积，具有特定的沉积特征。湖泊沉积物中的洪水沉积标志与河漫滩具有相似性，许多研究报道了湖泊沉积物中的洪水沉积标志与河漫滩中的洪水沉积标志具有相似性，其沉积物中的粗颗粒物质通常被用来辨识洪水沉积层（顾成军，2005；Parris et al.，2010；李永飞等，2012；Wilhelm et al.，2013）。河口地区沉积物的洪水沉积也与河漫滩相似，在长江口外泥质区以粉砂为主的沉积岩心中，细砂层记录了 1998 年特大洪水事件（王昕等，2012）。

（2）泛滥平原区现代河漫滩洪水事件沉积的地球化学标志

沉积物元素地球化学指标作为一项环境代用指标，反映了各种环境营力之间相互作用和相互转化的过程，能指示区域沉积环境。长江下游现代河漫滩沉积物的元素受粒度控制，一般情况下，洪水规模越大，形成的漫滩沉积物越粗，沉积物中的 SiO_2 和 Na_2O 含量越多，Al_2O_3、Fe_2O_3、K_2O、MgO、MnO、P_5O_2、TiO_2 含量越少，反之则相反。在NB1孔中，常量元素含量的变化指示了1954年和1983年长江流域发生的大洪水。有研究已成功运用化学元素Zr/Rb（Vasskog et al.，2011）识别湖泊沉积中的洪水沉积层，探索元素地球化学比值对河漫滩沉积中洪水事件沉积的指示作用，这对于构建河漫滩沉积洪水事件的地球化学标志具有重要意义。

（3）人类活动对泛滥平原区现代河漫滩沉积洪水记录的影响

在20世纪90年代，洪水规模和频率均较大，但该时期内形成的沉积物中没有如1954年和1983年大洪水时期形成的厚层砂质沉积层，沉积物的元素含量也未见明显波动，这是一个非常有趣的现象，探讨该时段内河漫滩沉积对洪水事件的响应机制对于了解区域沉积环境具有重要意义。

悬浮沉积物的浓度是影响河漫滩沉积垂向加积速率的重要因素，悬浮沉积物浓度越大，河漫滩垂向加积速率越大，反之则小（Gomez et al.，1995；Terry et al.，2002；Benedetti，2003）。研究表明，长江流域的大坝建设（Yang et al.，2005）、水土保持工程（Dai et al.，2008）、采砂（Chen et al.，2005）等人类活动已经导致长江下游悬沙输运量自20世纪80年中期以来急剧减少。根据大通水文站的观测数据，50～80年代的输沙量为472亿t；80年代中期以后，长江下游的输沙量降为124亿t（Chen et al.，2008）。1960～2004年，长江下游地区的降水量增加（Gemmer et al.，2008），且降水量在20世纪90年代显著增加（Su et al.，2008；Jiang et al.，2008）。在90年代，大通水文站测得的平均径流量为69 100 m^3/s，高于60～80年代的径流量（Kundzewicz et al.，2009）。在本研究区，90年代的悬浮沉积物通量减少，同时期频繁的洪水又带来了更大的径流量，两者综合作用导致悬浮沉积物浓度明显降低，单次大洪水不容易形成明显的厚层沉积。同时，随着河漫滩持续的垂向加积增高，河漫滩表层海拔不断抬升，相同规模洪水在河漫滩上形成的洪水深度降低，沉积水动力减弱，挟带的粗颗粒物质明显减少。总之，在悬浮沉积物浓度减少和洪水动力减弱的综合影响下，90年代高频率、大规模洪水期间并未形成厚层粗颗粒沉积层。由于常量元素含量与沉积物粒度密切相关，该时期内常量元素含量的波动也不明显。

5.1.5　小结

NB1 孔 ^{137}Cs 比活度在 0.163 ~ 2.380 Bq/kg，均值为 1.00 Bq/kg。在垂向上，NB1 孔的 ^{137}Cs 比活度波动较大，分别在 73 cm、125 cm 和 157 cm 处出现浓度峰值，分别代表了 1986 年、1974 年和 1963 年。根据公式计算，NB1 孔 23 cm、60 cm 和 100 cm 分别约为 2003 年、1990 年和 1980 年的沉积。20 世纪 90 年代，洪水导致流域水土流失或河岸侵蚀，长江流域黏附 ^{137}Cs 的沉积物再搬运，致使 0 ~ 50 cm（1986 年后的沉积）沉积物中的 ^{137}Cs 比活度较高。

在长江下游现代河漫滩上，河漫滩沉积物的粒径大小与洪水规模密切相关：洪水规模越大，形成的沉积物粒径越大，沉积物中的砂含量指示流域的洪水事件，是长江下游现代河漫滩沉积洪水事件的粒度标志。其中，160 ~ 173 cm 和 88 ~ 100 cm 沉积物粒度较粗，包含较多的砂组分，分别指示 1954 年和 1983 年长江流域发生的大洪水。NB1 孔沉积物常量元素与沉积物粒度密切相关，也可以作为流域洪水事件的指示指标，并指示了 1954 年和 1983 年长江流域发生的大洪水。20 世纪 90 年代，长江流域发生了包括 1998 年大洪水在内的 5 次大规模洪水，该期间形成的沉积物中的粗颗粒组分（0 ~ 2 φ）含量显著增加，是对该时期内发生的大规模、高频率洪水的响应，但常量元素的变化和响应并不明显。

5.2　长江南京—镇江段现代河漫滩沉积记录的重金属污染

5.2.1　河漫滩沉积环境质量评价

随着农业化、工业化和城市化进程的不断推进，包含大量重金属的废水、废气和废物通过各种途径进入人类生存的环境中，当重金属含量超过环境介质可以容纳的上限时，便会造成环境污染，严重影响环境质量。目前，国内外均开展了大量有关沉积物重金属污染评价研究，评价方法多样，包括长江干流沉积物质量分级标准法、沉积物质量生物效应范围法、富集因子法、地累积指数法、潜在生态风险指数法等。

在河流系统，进入水体的重金属污染物被沉积物或悬浮物吸附、聚集（陈静生，1983）。

洪水期间，吸附重金属污染物的颗粒被漫滩洪水挟带到河漫滩上沉积，由于河漫滩沉积物重金属污染物主要源自河流，河漫滩沉积记录了洪水时期河流水体的重金属污染状况（Zerling et al., 2006）。评价河漫滩沉积环境质量，可以了解河流水体的重金属污染程度，对于水体环境的治理和保护具有重要意义。重金属元素一般是指对生命有显著毒性的元素，如 Hg、Cd、Pb、Zn、Cu、Cr、Ni 等。本研究对长江下游现代河漫滩沉积物中的 Pb、Zn、Cu、Cr、Ni 含量进行分析，评价现代河漫滩沉积环境质量，重建河流水体的重金属污染历史。

1. 背景值法——长江干流沉积物质量分级标准

背景值法是根据沉积物中污染物的参考值或背景值，监测某种污染物相对于其对应参考值或背景值变化的方法，是我国河流环境评价的基本方法。为反映长江干流近岸水域沉积物的污染及污染程度，基于对各江段对照断面中泓及长江干流近岸沉积物样品的测试与统计分析，国内学者提出了长江干流沉积物质量分级标准（表 5-2）（高宏等，2001）。在该分级标准中，一级质量标准表示沉积物中没有重金属污染；二级质量标准表示沉积物中有重金属元素富集，重金属元素含量偏高；三级质量标准表示沉积物已经受到轻度的重金属污染；四级质量标准表示沉积物受到严重的重金属污染。

表 5-2　长江干流沉积物质量分级标准　　(单位：mg/kg)

元素	一级	二级	三级	四级
Ni	<35	<55	<75	<100
Cu	<35	<65	<150	<250
Zn	<90	<135	<270	<500
Pb	<25	<50	<120	<300
Cr	<65	<115	<250	<600

根据 NB1 孔重金属元素含量，结合长江干流泥沙质量标准绘制图 5-5。

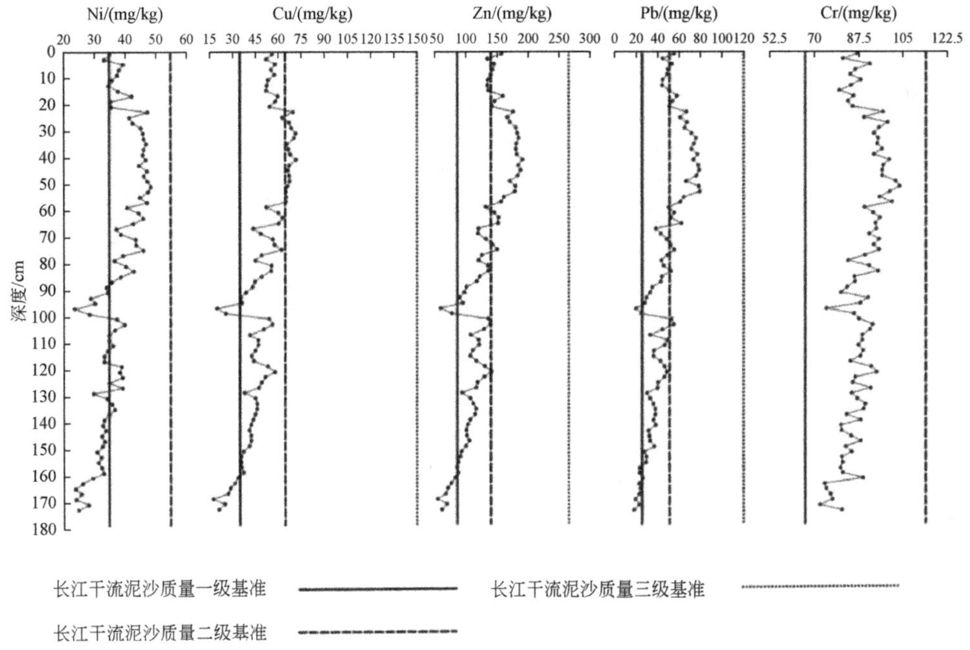

图 5-5　长江干流泥沙质量基准框架下的 NB1 孔沉积物重金属元素含量

NB1 孔中约占 40.23% 的沉积物中的 Ni 含量低于一级质量标准，这些沉积物主要分布在 NB1 孔中的 137 ~ 173 cm 和 89 ~ 99 cm，指示这两个层位河漫滩沉积物中不存在 Ni 元素污染。NB1 孔中约占 59.77% 的沉积物中的 Ni 含量为二级质量标准，主要分布在 0 ~ 87 cm，指示该层位河漫滩沉积物中有 Ni 元素的富集。

NB1 孔中只有约 11.49% 的沉积物中的 Cu 含量低于一级质量标准，这些沉积物主要分布在 NB1 孔中的 160 ~ 173 cm 和 93 ~ 99 cm，指示这两个层位河漫滩沉积物中不存在 Cu 元素污染。NB1 孔中约占 72.41% 的沉积物中的 Cu 含量为二级质量标准，这些沉积物主要分布在 NB1 孔中的 99 ~ 159 cm、51 ~ 93 cm 和 0 ~ 23 cm，指示这三个层位河漫滩沉积物中有 Cu 元素的富集，Cu 元素含量偏高。NB1 孔中约占 16.10% 的沉积物中的 Cu 含量为三级质量标准，这些沉积物主要分布在 23 ~ 51 cm，指示该层位河漫滩沉积物中存在 Cu 元素的轻度污染。

NB1 孔中只有约 14.94% 的沉积物中的 Zn 含量低于一级质量基准，这些沉积物主要分布在 NB1 孔中的 155 ~ 173 cm 和 93 ~ 99 cm，指示这两个层位河漫滩沉积物中不存在 Zn 元素污染。NB1 孔中约占 49.43% 的沉积物中的 Zn 含量为二级质量标准，这些沉积物主要分布在 NB1 孔中的 99 ~ 153 cm、75 ~ 93 cm，指示这两个层位的河漫滩沉积物中有 Zn 元素的富集，Zn 元素含量偏高。NB1 孔中约占 35.63% 的沉积物中的 Zn 含量为三级质量标准，这些沉积物主要分布在 0 ~ 75 cm，指示该层位河漫滩沉积物中存在 Zn 元素的轻度污染。

NB1 孔中只有约 11.49% 的沉积物中的 Pb 含量低于一级质量基准，这些样品主要分布在 NB1 孔的 157 ~ 173 cm 和 97 ~ 99 cm，指示这两个层位河漫滩沉积物中不存在 Pb 元素污染。NB1 孔中约占 55.17% 的沉积物中的 Pb 含量为二级质量标准，这些沉积物主要分布在 NB1 孔中的 99 ~ 155 cm、65 ~ 97 cm 和 0 ~ 17 cm，指示这三个层位河漫滩沉积物中有 Pb 元素的富集，Pb 元素含量偏高。NB1 孔中约占 33.34% 的沉积物中的 Pb 含量为三级质量标准，这些沉积物主要分布在 17 ~ 65 cm，指示该层位河漫滩沉积物中存在 Pb 的轻度污染。

NB1 孔中的 Cr 含量均为二级质量标准，指示河漫滩沉积物中有 Cr 元素的富集，Cr 元素含量偏高。

综上所述，根据长江干流沉积物质量分级标准，NB1 孔沉积物环境质量总体较好，部分元素存在轻度污染，根据各元素在不同质量基准中的比例，元素的污染程度为 Zn>Pb>Cu>Cr>Ni，其中仅 Zn、Pb 和

Cu 达到三级质量基准，所占的比例分别为 35.63%、33.34% 和 16.10%。

2. 沉积物质量生物效应范围法——FDEP 泥沙质量准则

效应范围法是国际上最广为接受的开发沉积物质量标准的方法，这种方法建立在大量化学和生物影响数据的汇编基础上（刘成等，2005），能较好地显示沉积物中有毒金属对生物的影响。FDEP 泥沙质量准则是 MacDonald 等（1996）为佛罗里达州环境保护局（FDEP）开发的泥沙生物效应数据库，是目前为止最为完善的泥沙质量评价文件。该方法将与特定污染物有关的资料分成造成生物效应的和没有造成生物效应的两组数据。每个数据组不少于 20 个数据，且全部按污染物浓度降序排列，计算有生物效应序列上第 10 个百分位和第 50 个百分位所对应的泥沙污染物含量，将这两个含量分别定义为 ER-L（效应范围低值）和 ER-M（效应范围高值）；然后计算无生物效应序列上第 50 个百分位和第 85 个百分位所对应的泥沙污染物含量，将这两个含量分别定义为无效应范围中值（NER-M）和无效应范围高值（NER-H）。该质量基准包含两个基准值：一个是效应水平阈值 TEL（threshold effect level），一个是可能效应水平阈值 PEL（probable effect level）。效应水平阈值 TEL 代表几乎不产生毒性的重金属元素浓度阈值高值，PEL 代表毒性频繁被观测到的重金属元素浓度阈值低值，其计算公式分别为

$$效应水平阈值\ C_{TEL}=\sqrt{C_{ER\text{-}L}\times C_{ENR\text{-}M}}$$

$$可能效应水平阈值\ C_{PEL}=\sqrt{C_{ER\text{-}M}\times C_{ENR\text{-}H}}$$

式中，C_{TEL}和 C_{PEL}两个基准值将重金属元素的生物效应划分为三个阶段：第一个阶段为无生物负效应阶段（元素含量低于 TEL）；第二个阶段为偶尔有生物负效应阶段（元素含量在 TEL 和 PEL 之间）；第三个阶段为生物负效应频繁阶段（元素含量高于 PEL）。本研究 5 个重金属元素的 TEL 和 PEL 见表 5-3。

表 5-3　FDEP 泥沙质量准则（MacDonald et al., 1996）　（单位：mg/kg）

元素	TEL	PEL
Ni	15.9	42.8
Cu	18.7	108
Zn	124	271
Pb	30.2	112
Cr	52.3	160

结合 FDEP 泥沙质量准则和 NB1 孔中 Ni、Cu、Zn、Pb、Cr 元素的含量绘制图 5-6。

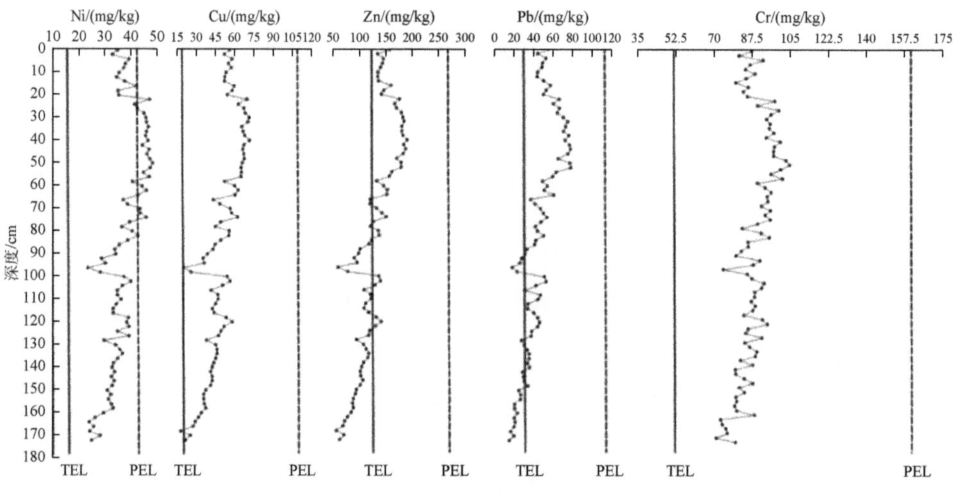

图 5-6　FDEP 泥沙质量准则框架下 NB1 孔沉积物重金属元素含量

NB1 孔中 74.71% 的沉积物中的 Ni 含量位于 TEL 和 PEL 之间，为偶尔有生物负效应阶段；其余 25.29% 的沉积物中的 Ni 含量高于 PEL，主要分布在 23 ~ 75 cm，指示该层位沉积物中的 Ni 含量具有频繁的生物负效应。

NB1 孔中除了在 169 cm 处沉积物中的 Cu 含量低于 TEL 外，其余沉积物中的 Cu 含量均位于 TEL 和 PEL 之间，为偶尔有生物负效应阶段。

NB1 孔中 45.98% 的沉积物中的 Zn 含量低于 TEL，主要位于 79 ~ 173 cm，指示该层位沉积物中的 Zn 含量为无生物负效应阶段；其余

54.02%的沉积物中的Ni含量位于在TEL和PEL之间，为偶尔有生物负效应阶段。

NB1孔中19.54%的沉积物中的Pb含量低于TEL，主要位于151～173 cm和93～99 cm，指示这两个层位沉积物中的Pb含量为无生物负效应阶段；其余80.46%的沉积物中的Pb含量位于TEL和PEL之间，为偶尔有生物负效应阶段。

NB1孔中所有沉积物中的Cr含量位于TEL和PEL之间，为偶尔有生物负效应阶段。

综上所述，根据FDEP泥沙质量准则，NB1孔沉积物中仅Ni含量达到生物负效应频繁阶段，所占比例为25.29%，其他沉积物中的Ni偶尔有生物负效应。NB1孔中大部分沉积物中的Cu、Zn、Pb和Cr偶尔有生物负效应，小部分无生物负效应。这些特征显示，NB1孔沉积物中的重金属元素具有生物负效应，但生物负效应不频繁。根据各元素在各生物效应阶段中所占的比例，元素的污染程度为Ni>Cr>Cu>Pb>Zn。

3. 富集因子法

富集因子（enrichment factor，EF），又称富集系数，是分析表生环境中人类活动对沉积物重金属富集程度影响的重要参数。目前，已经有许多研究运用富集因子评价河漫滩沉积的环境质量（Grosbois et al.，2006；Meybeck et al，2007；Le Cloarec et al.，2011；Ferrand et al.，2012）。其计算公式为

$$\text{EF}=\frac{(\text{Me/Ne})_{样品}}{(\text{Me/Ne})_{背景值}}$$

式中，Me代表某一元素；Ne代表参考元素；分子中Me和Ne为样品测量值；分母中Me和Ne为元素背景值。经过粒度校正后的元素EF值可以用来表示元素污染程度，一般而言，元素EF值越大，金属元素的污染程度越高。Sutherland（2000）根据EF值的大小，将元素的污染程度划分为5个等级，各级参数见表5-4。

表 5-4　富集因子分级标准

级别	EF 范围	污染程度
1	<2	无污染或轻度污染
2	2 ~ 5	中度污染
3	5 ~ 20	显著污染
4	20 ~ 40	高度污染
5	>40	极度污染

(1) 金属元素背景值和参考元素的确定

富集因子评价结果的可靠性取决于参考元素和背景值的选择，参考元素不同，评价结果随之不同。在使用富集因子评价沉积物环境质量时，需谨慎选择沉积物重金属元素的背景值和参考元素。

背景值是指元素在未受人为干扰的环境介质中的质量分数，目前沉积物重金属背景值的确定主要有三种方法：①以地壳元素或全球页岩元素质量分数的平均值作为背景值；②以工业化前形成的沉积物元素的平均含量作为背景值；③以未受人类活动影响的深部土壤元素平均含量作为背景值。长江干流沉积物主要是由干流与支流输送的泥沙混合后形成，因此长江干流沉积物元素背景值不能仅以长江或长江支流上的一个或几个采样点的分析作为背景值（高宏等，2001）。长江泥沙主要来源于长江上游地区，从干流大通水文站多年输沙量来看，来自上游区域泥沙约占 79.2%，中下游区域只占小部分，河漫滩是河流沉积的组成部分，长江下游地区的泥沙背景值在很大程度上可以代表整个流域的泥沙背景值。因此，本研究选择长江下游水系沉积物元素背景值作为流域环境污染评价的元素基准值，其中 Pb 的背景值为 23.5 mg/kg，Cu 的背景值为 16.4 mg/kg，Zn 的背景值为 77.1 mg/kg，Ni 的背景值为 20.7 mg/kg，Cr 的背景值为 46 mg/kg（张立成等，1996）。

NB1 孔重金属元素与粒度的相关分析表明，Pb、Cu、Zn、Ni 和 Cr 含量受沉积物粒度影响，与沉积物粉砂和黏土含量明显正相关。由于不同层位沉积物粒度组成存在差异，为排除粒度组成对重金属元素含量造成的影响，需对沉积物重金属含量进行粒度校正（Williams et al.,

1994)。粒度校正一般采用受人类活动影响小的、性质保守的元素作为参考元素，常见的参考元素有 Al（Din，1992；Chen et al.，2004）、Fe（Szefer，1990；Herut et al.，1993；Tam and Yao，1998）等。本研究选择 Fe 作为沉积物粒度校正的参考元素，其在长江下游水系沉积物中的背景值为 3.07%。

(2) 元素富集因子

根据富集因子计算公式，NB1 孔沉积物重金属元素富集因子在 NB1 孔的分布特征如图 5-7 所示，除 Cu 和 Pb 两个元素在部分层位的富集因子大于 2 外，其他元素在 NB1 孔中的富集因子均小于 2，显示沉积物中的重金属为无污染或轻度污染。

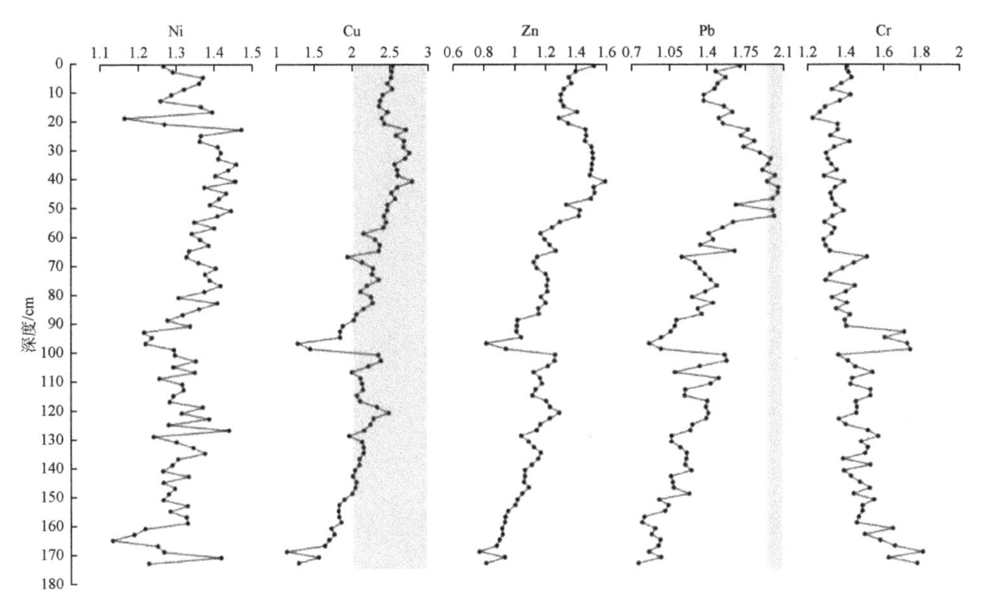

图 5-7　NB1 孔重金属元素富集因子的垂向分布

Ni 的富集因子在 1.13 ~ 1.47，全部为无污染或轻度污染。

Cu 的富集因子在 1.14 ~ 2.80，其中 22.99% 的沉积物中 Cu 的富集因子小于 2，主要分布在 151 ~ 173 cm 和 91 ~ 99 cm，指示这两个层位河漫滩沉积物中 Cu 为无污染或轻度污染；其余 77.01% 的沉积物中的 Cu 的富集因子大于 2，指示沉积物的 Cu 含量达到中度污染。

Zn 的富集因子在 0.77 ~ 1.59，全部为无污染或轻度污染。

Pb 的富集因子在 0.77 ~ 2.06，其中 91.95% 的沉积物中 Pb 的富集因子小于 2，指示沉积物为无污染或轻度污染；其余 8.05% 的沉积物中 Pb 的富集因子大于 2，主要分布在 39 ~ 53 cm，指示该层位沉积物中的 Pb 含量达到中度污染。

Cr 的富集因子在 1.23 ~ 1.82，全部为无污染或轻度污染。

综述所述，根据富集因子法的评价结果，5 个有毒重金属元素中以 Cu 的富集因子最高，污染程度最大，沉积岩心 77.01% 的层位为中度污染；其次为 Pb，沉积岩心 8.05% 的层位为中度污染；Ni、Zn、Cr 为轻度污染和无污染。可见，NB1 孔沉积物中重金属的污染程度总体较低，部分元素存在中度污染。

4. 地累积指数法

（1）地累积指数评价方法

地累积指数法是德国科学家 Müller 于 1979 年提出，这种方法可以定量研究重金属污染特征，因而可对沉积物中重金属的富集和污染状况作出评价，其计算公式为

$$I_{geo} = \log_2 C_i/(K \times B_i)$$

式中，C_i为沉积物中的元素含量实测值；B_i为背景值；K 为考虑造岩运动可能引起的变动而取的系数，一般取 1.5。根据地累积指数，重金属的污染程度可以划分为 7 级，各级参数见表 5-5。

表 5-5　地累积指数分级标准

地累积指数	污染程度
$I_{geo} \leqslant 0$	无污染
$0 < I_{geo} \leqslant 1$	无污染到中度污染（轻度污染）
$1 < I_{geo} \leqslant 2$	中度污染
$2 < I_{geo} \leqslant 3$	中度污染到强污染
$3 < I_{geo} \leqslant 4$	强污染
$4 < I_{geo} \leqslant 5$	强污染到极强污染
$I_{geo} > 5$	极强污染

(2) NB1 孔沉积物地累积指数

NB1 孔沉积物地累积指数如图 5-8 所示，地累积指数的垂向分布具有相同的变化趋势，Ni 的地累积指数在-0.39～0.64，Cu 的地累积指数在-0.51～1.53，Zn 的地累积指数在-1.07～0.72，Pb 的地累积指数在-0.99～1.13，Cr 的地累积指数在 0.07～0.59，根据各重金属元素的地累积指数均值，Cu（0.95）>Cr（0.36）>Pb（0.26）>Ni（0.25）>Zn（0.08）。

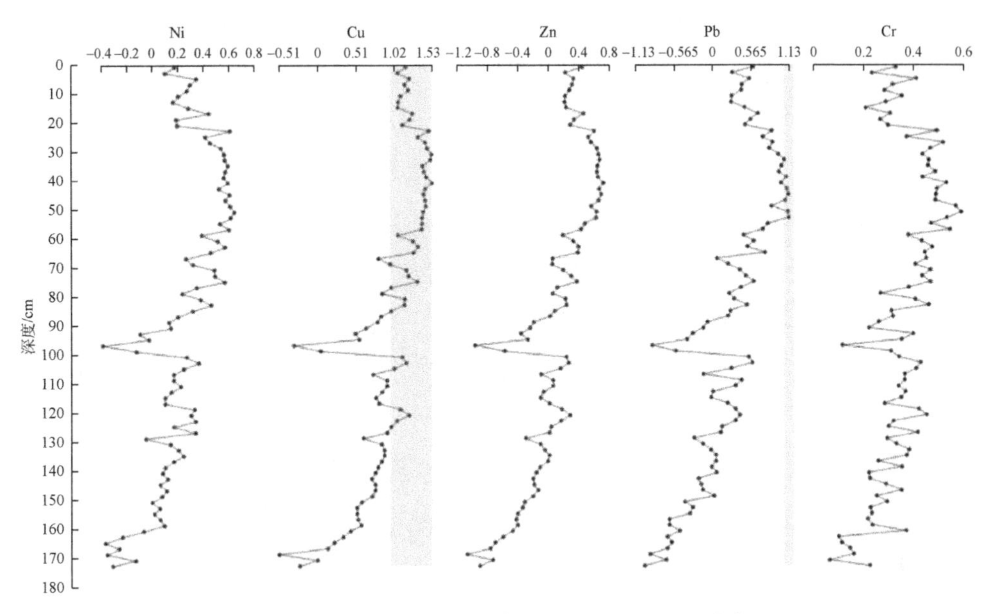

图 5-8　NB1 孔重金属元素地累积指数的垂向分布

NB1 孔中约 31.03% 的沉积物中 Pb 的地累积指数小于 0，这些沉积物主要分布在 129～173 cm 和 89～99 cm，表明这两个层位沉积物中 Pb 的地累积指数较低，为无污染状态；10.35% 的沉积物中 Pb 的地累积指数在 1～2，主要分布在 33～53 cm，表明该层位沉积物中 Pb 的地累积指数相对较高，为中度污染状态；其他层位地累积指数均分布在 0～1，指示这些沉积物中的 Pb 为轻度污染状态。

NB1 孔中约 35.63% 的沉积物中 Zn 的地累积指数小于 0，这些沉积物主要分布在 129～173 cm 和 89～99 cm，表明这两个层位沉积物中

Zn 的地累积指数较低，为无污染状态；其他层位中 Zn 的地累积指数均在 0 ~ 1，指示这些沉积物中的 Zn 为轻度污染状态。

NB1 孔中约 4.60% 的沉积物中 Cu 的地累积指数小于 0，这些沉积物主要分布在 169 ~ 173 cm 和 97 cm，表明这两个层位沉积物中 Cu 的地累积指数较低，为无污染状态；约 44.83% 的沉积物中 Cu 的地累积指数在 0 ~ 1，这些沉积物主要分布在 67 ~ 167 cm，表明该层位沉积物中的 Cu 为轻度污染状态；约 50.57% 的沉积物中 Cu 的地累积指数在 1 ~ 2，这些沉积物主要分布在 0 ~ 65 cm；在 NB1 孔中的 67 ~ 123 cm，也有部分沉积物中 Cu 的地累积指数在 1 ~ 2，表明 NB1 孔沉积物中的 Cu 陆续出现中度污染状态。

NB1 孔中 13.79% 的沉积物中 Ni 的地累积指数小于 0，这些沉积物主要分布在 161 ~ 173 cm 和 93 ~ 99 cm，表明这两个层位沉积物中的 Ni 为无污染状态；NB1 孔其他层位沉积物中 Ni 的地累积指数在 0 ~ 1，指示这些沉积物中的 Ni 为轻度污染。

NB1 孔中全部沉积物中 Cr 的地累积指数在 0 ~ 1，表明沉积物中的 Cr 主要为轻度污染。

综上所述，根据地累积指数法，NB1 孔沉积物中各元素总体为无污染或轻度污染，其中 Cu 和 Pb 的污染程度相对较高，沉积岩心中分别占 50.57% 和 10.35% 的沉积物中的 Cu 和 Pb 达到中度污染程度。

5. 潜在生态风险指数法

潜在生态风险指数（potential ecological risk index）法是瑞典学者 Hakanson 在 1980 年提出的从沉积学角度定量评价重金属污染程度及其潜在生态风险的方法。与背景值法、生物效应范围法、富集因子法和地累积指数法不同，这种方法可以反映多种污染物的综合影响，并考虑了不同重金属在沉积物中普遍的迁移转化规律、不同重金属的毒性差异、不同区域对重金属污染的敏感性以及不同区域重金属背景值的差异，消除了评价区域差异和沉积物物源差异的影响，是目前沉积物重金属污染研究中广泛运用的方法（刘成等，2005；李娟等，2012）。

(1) 生态风险评价方法

生态风险评价方法主要包括沉积物污染程度和沉积物潜在生态风险指数两个指标，其计算公式为

$$C_f^i = C^i / C_n^i$$

$$E_r^i = T_r^i \times C_f^i$$

$$C_d = \sum_{i=1}^{n} C_f^i$$

$$\mathrm{RI} = \sum_{i=1}^{n} E_r^i$$

式中，C_f^i为某一重金属的污染参数；C^i为沉积物中某一重金属元素的实测浓度；C_n^i为沉积物中某一重金属元素的背景值；E_r^i为单个重金属的潜在生态风险参数；T_r^i为单个重金属元素的毒性响应系数；C_d为多种重金属元素污染程度；RI 为多种重金属元素潜在生态风险系数。本研究取长江下游水系沉积物元素背景值作为单一重金属元素污染参数计算的背景值，Ni、Cu、Zn、Pb 和 Cr 的毒性响应系数分别为 5、5、1、5 和 2（钱鹏等，2012；贾英等，2013；方明等，2013；毛志刚等，2014）。

沉积物多种重金属元素污染程度 C_d和多种重金属元素潜在生态风险指数 RI 所对应的重金属元素污染程度及其潜在生态风险程度见表5-6。

表 5-6　C_d和 RI 分级标准

C_d	污染程度	RI	潜在生态风险程度
C_d<8	低	RI<150	低
8≤C_d<16	中	150≤RI<300	中
16≤C_d<32	较高	300≤RI<600	较高
C_d≥32	很高	RI≥600	高

(2) 沉积物重金属污染程度和重金属潜在生态风险程度

根据潜在生态风险指数法的计算公式，C_d和 RI 分别在 5.40 ~

14.28 和 19.14～55.00，两个参数在 NB1 孔中的垂向波动较大（图 5-9）。其中，NB1 孔 151～173 cm 和 89～99 cm 的 C_d 小于 8，指示这两个层位沉积物多种重金属元素污染程度较低；NB1 孔其他层位的多种重金属污染程度为中度污染。就沉积物多种重金属潜在生态风险而言，RI 均小于 150，显示沉积物多种重金属潜在生态风险程度较低。总之，潜在生态风险指数法表明，NB1 孔沉积物多种重金属污染程度主要为中度污染，但其潜在生态风险程度还比较低；另外，C_d 和 RI 均在 23～53 cm 达到峰值层位，指示该层位沉积物中的多种重金属污染程度及其潜在生态风险程度最大。

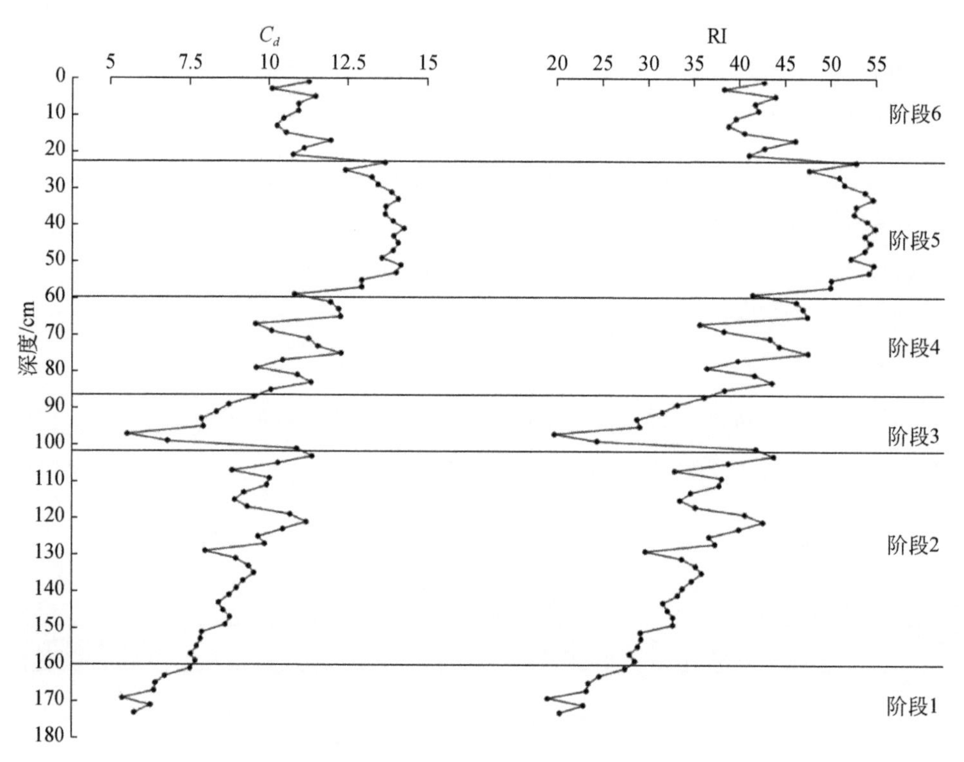

图 5-9　NB1 孔沉积物重金属 C_d 和 RI 的垂向分布

6. 不同评价方法结果对比

5 种沉积物质量评价方法评价结果对比见表 5-7。富集因子法和地累积指数法的评价结果基本一致，评价结果指示 NB1 孔沉积物主要为无污染或轻度污染，其中部分沉积物中的 Cu 和 Pb 含量达到中度污染，至少 50% 以上沉积物中的 Cu 达到中度污染，约 10% 左右的沉积物中的 Pb 为中度污染。长江干流沉积物质量分级标准法评价结果显示，沉积物中 5 种重金属元素以无重金属污染和重金属元素富集为主，其中 Cu、Zn、Pb 在部分层位有轻度污染，分别占 NB1 孔沉积物的 16.09%、35.63% 和 33.34%。沉积物质量生物效应范围法（FDEP 泥沙质量准则）的评价结果显示，沉积物中 5 种重金属元素主要为无生物负效应或偶尔有生物负效应，其中仅 Ni 的含量达到生物效应频繁的污染程度，其在 NB1 孔沉积物中占有的比例为 25.29%。重金属潜在生态风险评价法评价结果显示，NB1 孔沉积物中 5 个重金属元素的污染程度为中度污染，5 个重金属元素的潜在生态风险程度为低风险，在 23 ~ 53 cm，沉积物多种重金属的污染程度和潜在生态风险程度最大。

表 5-7　现代河漫滩沉积环境质量评价结果对比　　（单位：%）

指标		Ni	Cu	Zn	Pb	Cr	污染程度	生态风险
长江干流沉积物质量分级标准法	无重金属污染沉积物比重	40.23	11.49	14.94	11.49	—	—	—
	重金属元素富集沉积物比重	59.77	72.41	49.43	55.17	100	—	—
	轻度重金属污染沉积物比重	—	16.10	35.63	33.34	—	—	—
沉积物质量生物效应范围法（FDEP 泥沙质量准则）	无生物负效应沉积物比重	—	1.15	45.98	19.54	—	—	—
	偶尔有生物负效应沉积物比重	74.71	98.85	54.02	80.46	100	—	—
	生物负效应频繁沉积物比重	25.29	—	—	—	—	—	—
富集因子法	无污染或轻度污染沉积物比重	100	22.99	100	91.95	100	—	—
	中度污染沉积物比重	—	77.01	—	8.05	—	—	—
地累积指数法	无污染沉积物比重	13.79	4.60	35.63	31.03	—	—	—
	轻度污染沉积物比重	86.21	44.83	64.37	58.62	100	—	—
	中度污染沉积物比重	—	50.57	—	10.35	—	—	—
潜在生态风险指数法（多种重金属元素污染程度）	低污染比重	—	—	—	—	—	20.69	—
	中污染比重	—	—	—	—	—	79.31	—

续表

指标		Ni	Cu	Zn	Pb	Cr	污染程度	生态风险
潜在生态风险指数法（多种重金属元素潜在生态风险程度）	低风险比重	—	—	—	—	—	—	100

总之，5 种沉积物质量评价方法的结果具有相似性，也具有差异性，总体而言，NB1 孔沉积物环境质量总体较好，沉积物污染并不严重。长江沿岸尤其是长江下游沿岸城市密集，工矿企业广布，大量生活和生产污水排入长江，但位于长江下游经济发达区的河漫滩沉积污染程度并不严重，这种看似矛盾的情况可能与长江特定的水沙环境有关。长江是中国最大的河流，大通水文站测得的平均径流量为 890 km^3/a，平均输砂量为 409×10^6 t/a（Dai et al.，2008）。Chen 等（2004）在长江河口沉积物重元素含量的研究表明，虽然河流沿岸有大量工业污染物排入长江河口地区，但是沉积物中重金属含量总体较低，这与来自上游的巨量的淡水及其挟带的未受污染的悬浮沉积物造成的稀释环境有关：进入河流的重金属物质趋向于吸附在细颗粒物质上，特别是黏土成分中（<4 μm），而这些细颗粒物质很容易随流水搬运带走；同时，重金属元素在吸附过程中包含物理的、化学的和生物的交互作用，影响重金属元素从液态转化为固态的过程。总之，受上游巨量来水来沙造成的稀释环境的影响，长江沿岸特别是河口区域排放污染物中的重金属元素被稀释，使得河口地区沉积物中的重金属元素含量较低。类似地，在长江南京—镇江段，巨大的径流量及其挟带的悬浮物质在河流下游地区形成稀释环境，使得河漫滩沉积物中的重金属元素含量较低。

长江南京段 NB1 孔所在河漫滩沉积环境质量总体较好，但沉积物中依然存在部分元素的富集（以 Pb、Cu 和 Zn 最明显），这与其他研究报道的长江下游地区沉积物污染状况基本一致。有学者对长江下游沉积物进行研究，结果表明，沉积物中大部分重金属主要是自然来源，但最近十几年来，重金属元素因受到人为排放的影响质量比有所增加（沈敏等，2006），如长江下游河口段沉积物中，Cu、Zn 和 Pb 的浓度均不同程度地受人类活动的影响：在南京—上海沿江采集的 26 个河流沉积物中，Cu 和 Zn 的浓度在大部分位点高于世界河流沉积物中相应元素平均值，其中 Pb 在所有 26 个位点沉积物中的浓度高于世界河流沉积物中的平均值（王亚平等，2012）。对长江口沉积的研究表明，沉积物中重金属元素存在富集现象，其中以 Cu 的富集程度最高，其次为 Pb，在长江南京段现代沉积物中，沉积物中的 Cu 和 Pb 已形成轻度到中度污染，且沉积物中的重金属元素含量还在不断增加（张辉和马东升，1997；王辉等，2008；朱伯万等，2010）。

5.2.2　河漫滩沉积记录的重金属污染历史

5 种评价方法得出的 NB1 孔沉积物重金属污染的垂向分布基本一致，本研究基于生态风险指数评价结果，探讨 NB1 孔沉积记录的重金属污染历史。根据图 5-9，结合沉积物重金属 C_d 和 RI 的垂向分布，将 NB1 孔沉积物的污染历史划分为 6 个阶段。

第一个阶段为 160 ~ 173 cm，为 1954 年的沉积。该阶段沉积物重金属 C_d 和 RI 非常小，指示沉积物没有重金属污染和潜在生态风险。这一方面与中华人民共和国成立初期，工业化、农业化、城市化还没有起步，人类活动对环境的影响还不明显有关；另一方面与 1954 年的特大洪水有关。1954 年大洪水期间的流水侵蚀环境导致砂质沉积层的形成，前文研究显示，河漫滩沉积物中的重金属元素主要吸附在细颗粒物质中，重金属元素含量与粗颗粒物质含量反相关，1954 年大洪水期间河漫滩上保留的沉积物颗粒较粗，因而沉积物中的重金属元素含量较小。另外，大洪水常常带来大流量（Pease et al.，2007；Navrátil et al.，2008；Schulz-Zunkel and Krueger，2009；Ferrand et al.，2012），往往使河流中重金属元素被稀释，河漫滩沉积物中重金属元素含量大幅降低。对 1998 年特大洪水期间长江口南汇嘴水域重金属元素分布特征的研究表明，特大洪水对重金属元素的稀释作用十分显著，洪水期间各种重金属元素均被稀释了 60% 以上（毛兴华等，2000）。

第二个阶段为 102～160 cm，为 1954 年到 20 世纪 80 年代早期的沉积。该阶段沉积物重金属 C_d 和 RI 均较低，但呈增加的状态，随着该阶段工业化的缓慢发展，重金属元素进入河流，随漫滩洪水沉积在河漫滩上，重金属在河漫滩沉积中的含量逐渐增多。

第三个阶段为 87～102 cm，为 1983 年大洪水期间的沉积。该阶段沉积物重金属元素含量的突然降低是对大洪水期间形成的粗颗粒沉积物和洪水稀释作用的响应。

第四个阶段为 60～87 cm，为 20 世纪 80 年代中期的沉积。该阶段沉积物重金属 C_d 和 RI 迅速增大。这可能是由于改革开放以后，长江沿岸的农业化、工业化和城市化进程加快发展，大量重金属污染元素进入河流并在河漫滩上沉积。

第五个阶段为 23～60 cm，主要为 20 世纪 90 年代到 2003 年的沉积。该阶段沉积物 C_d 和 RI 达到最高值，但没有明显增加趋势。这一方面反映了在长江沿岸高水平的农业化、工业化和城市化水平影响下，随废水进入长江水体中，有毒金属元素含量较高，河漫滩沉积物中的重金属污染物含量随之增高；另一方面 90 年代大规模洪水频发，受洪水稀释的影响，水流和沉积物中的重金属元素被稀释，使得该阶段形成的河漫滩沉积物中的重金属元素含量并没有如 80 年代中后期的明显增势。

第六个阶段在 0～23 cm，为 2003 年以来的沉积。该阶段沉积物 C_d 和 RI 明显降低，可能是受环境监管力度增加的影响。由于环境污染问题越来越严重，环境污染问题受到了日益广泛的高度关注，为了缓解和扭转城市化与工业化进程中的环境污染问题，过去十多年来，我国采取了许多监管措施，如含铅汽油的禁用、修建污水处理厂等，这些措施使得进入河流的重金属元素大幅减少，河漫滩沉积中的重金属含量随之减少。1999 年我国开始逐步减少含 Pb 汽油的使用，并于

2000年在全国范围内全面禁止含Pb汽油的使用，使得汽车排放的Pb的数量明显减少。在长江下游地区，许多研究报道了含Pb汽油禁用导致的沉积物中Pb含量的减少（Hao et al.，2008；Yao et al.，2013；Xu et al.，2014）。受我国含Pb汽油禁用的影响，NB1孔沉积物中Pb元素的污染程度与潜在生态风险程度在2003年后明显降低。

5.2.3 河漫滩沉积物环境质量评价与环境污染

现代河漫滩沉积重金属含量的测定和环境质量评价，有助于了解区域环境污染现状及环境污染历程，对于区域环境的维护和治理具有重要意义。当前还没有专门针对河漫滩沉积的一套沉积物环境质量评价方法，已经有的各种沉积物环境质量评价方法也各有侧重。对于现代河漫滩沉积环境质量评价，多种评价方法的综合运用有助于准确把握河漫滩沉积的污染状态。河漫滩沉积是河流地貌的重要组成部分，河漫滩及周围地区往往也是人类活动密集的区域，探讨专属于河漫滩沉积的环境质量评价方法具有一定的理论价值和应用潜力。

河漫滩沉积是洪水沉积，洪水期间，河流来水来沙量明显增大，对污染物质具有稀释作用。因此，河漫滩沉积反映的流域污染程度要小于流域实际的污染程度。即使如此，河漫滩沉积可以反映流域环境污染历程，是记录流域污染历史的重要地质档案。

5.2.4 小结

根据长江干流沉积物质量分级标准法、沉积物质量生物效应范围法（FDEP泥沙质量准则）、富集因子法、地累积指数法、潜在生态风险指数法对NB1孔沉积物环境质量进行综合评价，评价结果具有相似性，也具有差异性。总体而言，NB1孔沉积物中虽然存在部分元素的富集（以Pb和Cu最明显），但NB1孔沉积物重金属污染并不严重，这与长江特定的沉积环境有关。长江巨大的来水来沙量造就的稀释环境是导致河漫滩沉积中重金属元素含量较低的主要原因。

长江下游地区的污染历史划分为 6 个阶段：第一个阶段为 1954 年，沉积物没有重金属污染和潜在生态风险。第二个阶段为 1954 年到 20 世纪 80 年代早期，随着农业化、工业化和城市化的发展，沉积物重金属 C_d 和 RI 逐渐增大。第三个阶段为 1983 年，由于洪水期间洪水稀释作用，沉积物重金属 C_d 和 RI 迅速降低。第四个阶段为 20 世纪 80 年代中期，沉积物重金属 C_d 和 RI 迅速上升。第五个阶段是 20 世纪 90 年代到 2003 年，随着研究区农业化、工业化和城市化进程的持续推进，沉积物重金属 C_d 和 RI 达到最高值，受大规模高频率洪水的稀释作用的影响，两个指数相对平稳，没有明显增长。第六个阶段是 2003 ~ 2012 年，受环境监管力度增强的影响，长江下游河漫滩沉积物的污染程度和潜在生态风险程度明显降低。

第6章 研究结论

6.1 结　论

通过对长江下游南京—镇江段现代河漫滩沉积特征、年代学、粒度、磁化率、地球化学元素等多环境代用指标的综合研究，结合长江流域来水来沙数据、流域大洪水文献记录、研究区河床演变、采样点环境和植被特征的分析，系统研究长江下游南京—镇江段现代河漫滩的沉积特征，河漫滩沉积记录的洪水事件，现代河漫滩沉积环境质量评价和重金属污染历史。研究主要结论如下。

1）长江南京—镇江段现代河漫滩沉积的颜色以灰色、棕色为主；沉积物组成以黏土质粉砂、粉砂、砂质粉砂和少量的砂为主；河漫滩露头发育厚为 20 ~ 30 cm 的泥样加积层，泥样加积层间发育几厘米厚的砂层；沉积构造以水平层理为主，单个沉积层的厚度主要为毫米级，且砂质粉砂和粉砂质砂互层发育，层与层之间容易剥离，局部发育波状层理，滩面泥裂构造广泛发育。

2）长江南京—镇江段 4 个现代河漫滩沉积粒度分析表明，长江南京—镇江段河漫滩沉积粒径偏细，沉积水动力较弱，其中南京段 NB1 孔和镇江段 ZR99 孔所在河漫滩的沉积水动力最大。在垂向上，南京段 NB1 孔的砂含量在部分层位较高，对应洪水沉积事件；镇江段 ZR99 孔的砂含量和平均粒径由底层向表层增加，反映河床演变带来的动力增强的影响；而镇江段 ZH51 孔沉积物分选性呈明显的阶段性特征，与采样点附近植被的演化有关。河流比降、河势、分汊河床演变以及滩面植被是影响长江南京—镇江段河漫滩沉积粒度特征的重要因素。

3）长江南京—镇江段现代河漫滩沉积磁化率较高，频率磁化率较低，其中磁化率与沉积物粒度的相关性不明显，频率磁化率与沉积物粒度的相关性相对明显。南京段 NB1 孔沉积物磁化率与重金属含量的相关性不明显，频率磁化率与重金属含量的相关性较为明显。沉积物来源、有机质/植物残体、氧化还原环境是影响现代河漫滩沉积物磁化率的重要因素。

4）长江南京段 NB1 孔和 NB2 孔沉积物中元素含量与沉积粒度相关性分析表明，除 CaO 外，河漫滩沉积物中的元素含量与粒度的相关性密切，符合“元素的粒度控制规律”。流域地质背景、风化作用、沉积水动力和人类活动是影响 NB1 孔元素含量的主要因素。

5）NB1 孔中^{137}Cs比活度在垂向上的波动较大，在 73 cm、125 cm 和 157 cm 处出现浓度峰值，分别指示 1986 年、1974 年和 1963 年。在 NB1 孔的 0～50 cm，沉积物中的^{137}Cs含量较高，指示洪水背景下长江流域土壤侵蚀，黏附^{137}Cs沉积物的再搬运过程。

6）在长江下游河漫滩上，河漫滩沉积物的粒径大小与洪水规模密切相关，洪水规模越大，形成的沉积物粒径越大，沉积物中的砂含量指示流域的洪水事件。在长江南京段的现代河漫滩沉积 NB1 孔中，粗颗粒的砂层清晰指示了 1954 年和 1983 年两次流域特大洪水事件。NB1 孔沉积物中的常量元素与沉积物粒度密切相关，可以作为流域洪水规模的指示指标，洪水规模越大，形成的沉积物粒度越粗，Al_2O_3、Fe_2O_3、K_2O、MgO、MnO、P_5O_2、TiO_2含量越少，SiO_2、Na_2O含量越多；反之则相反。在 NB1 孔中，常量元素也记录了 1954 年和 1983 年两次特大洪水事件。

7）通过长江干流沉积物质量分级标准法、沉积物质量生物效应范围法（FDEP 泥沙质量准则）、富集因子法、地累积指数法、潜在生态风险指数法对 NB1 孔沉积物环境质量进行评价，评价结果具有相似性，也具有差异性。总体而言，NB1 孔沉积物中虽然存在部分元素的富集（以 Pb 和 Cu 最明显），但 NB1 孔沉积物重金属污染并不严重，长江巨大的来水来沙量造就的稀释环境是河漫滩沉积中重金属元素含量较低的主要原因。以沉积物潜在生态风险指数评价结果为基础，NB1孔记录的重金属污染历史划分为6个阶段：第一个阶段为1954年，现代河漫滩沉积物没有重金属污染和潜在生态风险。第二个阶段为1954年到20世纪80年代早期，现代河漫滩沉积物重金属污染程度和潜在生态风险程度呈增加趋势。第三个阶段是1983年，受洪水期间形成的粗颗粒沉积物和洪水稀释作用的影响，现代河漫滩沉积物重金属污染程度和潜在生态风险程度迅速下降。第四个阶段是20世纪80年代中期，现代河漫滩沉积物重金属污染程度和潜在生态风险程度迅速增加。第五个阶段是20世纪90年代到2003年，现代河漫滩沉积物重金属污染程度和潜在生态风险程度最为严重。第六个阶段是2003～2012年，受环境监管力度增强的影响，长江下游河漫滩沉积的重金属污染程度和潜在生态风险程度明显降低。

6.2 创新点

1）在长江下游南京—镇江段的河漫滩沉积研究中，发现河漫滩沉积具有非常明显的层理特征，河漫滩沉积物以粗细交替的含砂或者黏土的粉砂沉积为主，局部有薄砂层或者粒度较粗的层位，对应流域大洪水事件的沉积。

2）根据长江下游南京段现代河漫滩沉积的年代学、粒度和地球元素研究，恢复了20世纪50年代以来洪水事件的沉积记录，评价了现代河漫滩沉积环境质量，并重建了河漫滩沉积记录的重金属污染历史。探讨了长江下游现代河漫滩记录的现代洪水沉积事件，可以为河漫滩、阶地和古洪水研究提供重要的现实参考，具有重要的科学意义。

6.3 研究不足和进一步研究的方向

1）在南京—镇江段河漫滩沉积研究中，发现了河漫滩沉积的差异性和多样性，并分析了相关的影响因素，但对河漫滩沉积中的薄层沉积层的形成机制和原因没有做深入的研究，今后应加强河漫滩沉积动力学的研究，加强洪水期的现场观测研究，丰富河漫滩研究的内容，从多研究视角开展河漫滩研究。

2）对长江下游南京段河漫滩沉积记录的重金属污染，本研究只进行了沉积物中重金属含量的分析，也进行了沉积物环境质量的评价。有机污染比较复杂，河漫滩在低水位环境中暴露在阳光下，有机物的分解过程也比较活跃，因此，本研究对有机污染问题没有进行分析。未来的研究要加强对河漫滩沉积物中有机污染物的分析，以及重金属元素污染相关的迁移过程研究。

参考文献

柏春广，王建，徐永辉．2006．江苏中部海岸全新世中期温暖期风暴潮频率的研究［J］．海洋学报，28（6）：78-85．

柏道远，李长安，陈渡平，等．2011．化学风化指数和磁化率对洞庭盆地第四纪古气候变化的响应［J］．中国地质，38（3）：779-785．

白世彪，王建，闾国年，等．2007．GIS 支持下的长江江苏河段深槽冲淤演变探讨［J］．泥沙研究，（4）：48-52．

曹伯勋．1995．地貌学及第四纪地质学［M］．武汉：中国地质大学出版社：47．

曹建廷，王苏民，沈吉，等．2000．近千年来内蒙古岱海气候环境演变的湖泊沉积记录［J］．地理科学，20（5）：391-396．

陈宝冲．1988．长江南京河段河床的演变与整治［J］．地理学与国土研究，4（3）：31-36．

陈宝冲．1991．长江镇扬河段六圩弯道凹岸建港的河流地貌条件分析［J］．南京大学学报，27（4）：765-774．

陈发虎，黄小忠，张家武，等．2007．新疆博斯腾湖记录的亚洲内陆干旱区小冰期湿润气候研究［J］．中国科学（D 辑：地球科学），（1）：77-85．

陈静生．1983．沉积物金属污染研究中的若干问题［J］．环境科学丛刊，4（8）：1-12．

陈静生．2006．河流水质原理及中国河流水质［M］．北京：科学出版社．

陈静生，洪松，王立新，等．2000．中国东部河流颗粒物的地球化学性质［J］．地理学报，55（4）：417-427．

陈静生，王飞越，夏星辉．2006．长江水质地球化学［J］．地学前缘，13（1）：74-85．

陈志清．1997．黄河龙门—三门峡段河漫滩组成物质的粒度特征［J］．地理学报，52（4）：22-29．

董爱国，翟世奎，Zabel Matthias，等．2009．长江口及邻近海域表层沉积物中重金属元素含量分布及其影响因素［J］．海洋学报（中文版），（6）：54-68．

董艳，张卫国，钱鹏，等．2012．南通市任港河底泥重金属污染的磁学诊断［J］．环境科学学报，32（3）：696-705．

段雪梅，胡守云，闫海涛，等．2009．南京某钢铁公司周边耕作土壤的磁学性质与重金属污染的相关性研究［J］．中国科学（D 辑：地球科学），（9）：1304-1312．

范代读，王扬扬，吴伊婧．2012．长江沉积物源示踪研究进展［J］．地球科学进展，27（5）：

515-528.
范德江，杨作升，毛登，等. 2001. 长江与黄河沉积物中粘土矿物及地化成分的组成［J］. 海洋地质与第四纪地质，21（4）：7-12.
范德江，杨作升，孙效功，等. 2002. 东海陆架北部长江（黄河沉积物影响范围的定量估算）［J］. 青岛海洋大学学报（自然科学版），32（5）：748-756.
方明，吴友军，刘红，等. 2013. 长江口沉积物重金属的分布、来源及潜在生态风险评价［J］. 环境科学学报，（2）：563-569.
方圣琼，胡雪峰，徐巍，等. 2006. 长江口潮滩沉积物的性状对重金属累积的影响［J］. 环境化学，24（5）：586-589.
高宏，暴维英，张曙光，等. 2001. 多沙河流污染化学与生态毒理研究［M］. 郑州：黄河水利出版社.
葛淑兰，石学法，韩贻兵. 2001. 南黄海海底沉积物的磁化率特征［J］. 科学通报，（S1）：34-38.
葛兆帅，杨达源，李徐生，等. 2004. 晚更新世晚期以来的长江上游古洪水记录［J］. 第四纪研究，24（5）：555-560.
顾成军. 2005. 巢湖历史沉积记录与流域环境变化研究［D］. 上海：华东师范大学.
顾静，周杰，赵景波. 2010. 泾河泾阳段高河漫滩沉积元素与化合物指示的洪水事件［J］. 水土保持通报，30（2）：9-14.
何华春，王颖，李书恒. 2004. 长江南京河段历史洪水位追溯［J］. 地理学报，59（6）：938-947.
胡利民，石学法，王国庆，等. 2014. 2011 长江中下游旱涝急转前后河口表层沉积物地球化学特征研究［J］. 地球化学. 43（1）：39-54.
胡守云，王苏民，Appel E，等. 1998. 呼伦湖湖泊沉积物磁化率变化的环境磁学机制［J］. 中国科学（D 辑：地球科学），（4）：334-339.
胡勇. 2003. 长江南京河段河势分析与京沪高速铁路桥墩布置［J］. 人民长江，34（6）：41-43.
黄春长，庞奖励，查小春，等. 2011. 黄河流域关中盆地史前大洪水研究——以周原漆水河谷地为例［J］. 中国科学：地球科学，42（11）：1658-1669.
黄家柱. 1999. 遥感与地理信息系统技术在长江下游江岸稳定性评价中的应用［J］. 地理科学，19（6）：521-524.
黄建维，高正荣. 2007. 长江近河口段河型规律与桥位选择［J］. 泥沙研究，（6）：1-7.
黄南荣. 1959. 长江南京河段的河床演变观测［J］. 泥沙研究，4（2）：19-35.
黄南荣. 1986. 长江下游河道特性初步探讨［J］. 人民长江，（4）：18-23.
黄贤金，高敏燕，李涛章. 2012. 水利工程项目综合效益货币化评估——以南京市长江河道二期整治工程项目为例［J］. 中国水利，（16）：52-54.

黄镇国，张伟强，陈俊鸿，等 . 1996. 中国南方红色风化壳［M］. 北京：海洋出版社：124-126.

季成康，刘开平 . 2002. 长江下游河床演变对防洪的影响探讨［J］. 水力发电，(1)：9-12.

贾海林，刘苍字，张卫国，等 . 2004. 崇明岛 CY 孔沉积物的磁性特征及其环境意义［J］. 沉积学报 . 22（1）：117-123.

贾建军，高抒，汪亚平，等 . 2005. 江苏大丰潮滩推移质输运与粒度趋势信息解译［J］. 科学通报，50（22）：2546-2554.

贾英，方明，吴友军，等 . 2013. 上海河流沉积物重金属的污染特征与潜在生态风险［J］. 中国环境科学，(1)：147-153.

贾玉连，柯贤坤，王艳，等 . 2000. 渤海曹妃甸沙坝—泻湖海岸现代沉积的磁化率与粒度、矿物的关系［J］. 海洋通报，(1)：41-50.

蹇丽，黄泽春，刘永轩，等 . 2010. 采矿业污染河流底泥及河漫滩沉积物的粒径组成与砷形态分布特征［J］. 环境科学学报，30（9）：1862-1870.

姜彤，施雅风 . 2003. 全球变暖、长江水灾与可能损失［J］. 地球科学进展，18（2）：277-284.

角媛梅，周鸿斌，史正涛，等 . 2008. 铅锌矿区河谷沉积物的磁学特征与重金属污染的关系［J］. 生态环境，17（1）：201-205.

孔定江，李道季，吴莹 . 2007. 近 50 年来长江口的主要有机污染的记录［J］. 海洋湖沼通报，(2)：94-103.

赖内克 H E，辛格 I B. 1979. 陆源碎屑沉积环境［M］. 陈昌明，李继亮，译 . 北京：石油工业出版社：111.

蓝先洪 . 2004. 中国主要河口沉积物的重金属地球化学研究［J］. 海洋地质动态，20（12）：1-4.

黎彤 . 1988. 中国陆壳的化学成分［M］. 北京：地质出版社 .

李宝璋 . 1992. 浅谈长江南京河段窝崩成因及防护［J］. 人民长江，23（11）：26-28.

李从先，杨守业，范代读，等 . 2004. 三峡大坝建成后长江输沙量的减少及其对长江三角洲的影响［J］. 第四纪研究，24（5）：495-500.

李鸿威，戴霜，张楠 . 2009. 黄河兰州段、白银段重金属污染的磁学指标初探［J］. 环境污染与防治，31（2）：51-55.

李家胜，高建华，李军，等 . 2010. 鸭绿江河口沉积物元素地球化学及其控制因素［J］. 海洋地质与第四纪地质，(1)：25-31.

李娟，杨忠芳，夏学齐，等 . 2012. 长江沉积物环境地球化学特征及生态风险评价［J］. 现代地质 . 26（5）：939-946.

李任伟 . 1998. 环境沉积学：一门新的边缘交叉学科［J］. 矿物岩石地球化学通报，17（2）：133-135.

李晓刚，黄春长，庞奖励，等 . 2010. 黄河壶口段全新世古洪水事件及其水文学研究［J］. 地理学报 . 65（11）：1371-1380.

李晓庆，胡雪峰，孙为民，等 . 2006. 城市土壤污染的磁学监测研究［J］. 土壤，38（1）：66-74.

李永飞，于革，沈华东，等 . 2012. 太湖沉积对流域极端降水和洪水响应的研究［J］. 沉积学报，30（6）：1099-1105.

李瑜琴 . 2009. 泾河流域全新世环境演变及特大洪水水文学研究［D］. 西安：陕西师范大学 .

李长安，张玉芬 . 2004. 长江中游洪水沉积特征与标志初步研究［J］. 水科学进展，15（4）：485-488.

李长安，黄俊华，张玉芬，等 . 2002. 黄河上游末次冰盛期古洪水事件的初步研究［J］. 地球科学：中国地质大学学报，27（4）：456-458.

李长安，张玉芬，袁胜元，等 . 2009. 江汉平原洪水沉积物的粒度特征及环境意义——以 2005 年汉江大洪水为例［J］. 第四纪研究，29（3）：276-281.

李文，胡忠行，吉茹，等 . 2016. 金华市义乌江沉积物磁性特征与重金属污染［J］. 环境科学学报，36（1）：74-83.

李香萍，杨吉山，陈中原 . 2001. 长江流域水沙输移特性［J］. 华东师范大学学报（自然科学版），12（4）：88-95.

林春野，何孟常，李艳霞，等 . 2008. 松花江沉积物金属元素含量、污染及地球化学特征［J］. 环境科学，29（8）：2123-2130.

刘成，王兆印，何耘 . 2005. 水体沉积物泥沙质量标准之探讨［J］. 泥沙研究，（2）：54-60.

刘东生 . 1985. 黄土与环境［M］. 北京：科学出版社 .

刘恩峰，沈吉，朱育新 . 2006. 沉积物金属元素变化的粒度效应——以太湖沉积岩心为例［J］. 湖泊科学，18（4）：363-368.

刘广虎，李军，陈道华，等 . 2006. 台西南海域表层沉积物元素地球化学特征及其物源指示意义［J］. 海洋地质与第四纪地质，5（26）：61-68.

刘明，范德江 . 2009. 长江、黄河入海沉积物中元素组成的对比［J］. 海洋科学进展，27（1）：42-50.

刘明，范德江 . 2010. 近 60 年来长江水下三角洲沉积地球化学记录及其对人类活动的响应［J］. 科学通报，（36）：3506-3515.

刘小斌，林木松，李振青 . 2011. 长江下游镇扬河段河道演变及整治研究［J］. 长江科学院院报，28（11）：1-9.

刘秀铭，刘东生，Helle F，等 . 1990. 黄土频率磁化率与古气候冷暖变换［J］. 第四纪研究，10（1）：42-50.

刘秀铭，刘东生，John Shaw. 1993. 中国黄土磁性矿物特征及其古气候意义［J］. 第四纪研究，13（3）：281-287.

刘艳，张成君，雷国良，等 . 2008. 兰州市宛川河中段表层沉积物中重金属元素迁移富集特征 [J]. 沉积学报，26 (5)：844-849.
刘英俊，曹励明 . 1993. 元素地球化学导论 [M]. 北京：地质出版社：128.
刘振东，刘庆生，汪汉胜，等 . 2006. 武汉市东湖沉积物的磁性特征与重金属含量之间的关系 [J]. 地球科学：中国地质大学学报，31 (2)：266-272.
卢升高，俞劲炎，章明奎，等 . 2000. 长江中下游第四纪沉积物发育土壤磁性增强的环境磁学机制 [J]. 沉积学报，18 (3)：336-340.
鹿化煜，安芷生 . 1998. 黄土高原黄土粒度组成的古气候意义 [J]. 中国科学 (D 辑：地球科学)，28 (3)：278-283.
吕全荣，严肃庄 . 1981. 长江河口重矿物组合的研究及其意义 [J]. 华东师范大学学报 (自然科学版)，(1)：73-83.
毛龙江，贾耀锋，邹欣庆 . 2006. 长江下游地区下蜀黄土堆积与成壤环境演变——以南京江北地区一典型剖面为例 [J]. 地理研究，25 (5)：887-894.
毛兴华，胡方西，谷国传，等 . 2000. 1998 年特大洪水期长江口南汇嘴水域重金属元素的分布特征 [J]. 华东师范大学学报 (自然科学版)，(2)：69-77.
毛志刚，谷孝鸿，陆小明，等 . 2014. 太湖东部不同类型湖区疏浚后沉积物重金属污染及潜在生态风险评价 [J]. 环境科学，35 (1)：186-193.
孟红明，赵定平 . 2010. 长江镇扬河段世业洲汊道冲淤现状研究 [J]. 河北农业科学，14 (2)：86-87，139.
牟保磊 . 1999. 元素地球化学 [M]. 北京：北京大学出版社：21.
牛俊杰，赵景波，马莉，等 . 2010. 西安北郊渭河河漫滩沉积与洪水事件 [J]. 地理研究，29 (8)：1484-1492.
潘庆燊 . 2001. 长江中下游河道近 50 年变迁研究 [J]. 长江科学院院报，18 (5)：18-22.
潘庆燊，曾静贤 . 1982. 长江中下游的河道整治工程 [J]. 人民长江，(5)：47-53.
潘少明，朱大奎，李炎，等 . 1997. 河口港湾沉积物中的 ^{137}Cs 剖面及其沉积学意义 [J]. 沉积学报，15 (4)：67-71.
逄勇，崔广柏，姚琪 . 2003. 长江江苏段区域供水水源地可利用江段研究 [J]. 南京大学学报：自然科学版，39 (3)：397-403.
钱鹏，周立旻，郑祥民，等 . 2012. 江苏南通表土、地面灰重金属污染及潜在生态风险评价 [J]. 环境化学，(4)：483-489.
秦大河，孙枢，符淙斌 . 2005. 关于气候变化应对战略的建议 [J]. 科学中国人，(9)：28-29.
屈翠辉，郑建勋，杨绍晋，等 . 1984. 黄河、长江、珠江下游控制站悬浮物的化学成分及其制约因素的研究 [J]. 科学通报，17：1063-066.
屈贵贤 . 2014. 长江下游大通-江阴段近五十年河床演变特征及其原因分析 [D]. 南京：南京

师范大学.
任明达，王乃梁.1985. 现代沉积环境概论［M］. 北京：科学出版社.
芮孝芳.1996. 长江下游感潮河段大洪水和特大洪水的形成及趋势［J］. 水科学进展，(3)：38-42.
佘之祥.2003. 加强对长江三角洲及沿江开发关键问题的研究［J］. 中国科学院院刊，(6)：24-31.
沈焕庭，茅志昌，朱建荣.2003. 长江河口盐水入侵［M］. 北京：海洋出版社：3-4.
沈敏，于红霞，邓西海.2006. 长江下游沉积物中重金属污染现状与特征［J］. 环境监测管理与技术，18 (5)：15-18.
沈明洁，胡守云，闫海涛.2006. 北京东郊 722 土壤垂向剖面重金属污染的磁学响应及其统计意义［J］. 地球科学：中国地质大学学报，31 (3)：399-404.
盛菊江，范德江，杨东方，等.2008. 长江口及其邻近海域沉积物重金属分布特征和环境质量评价［J］. 环境科学，29 (9)：2405-2412.
施汶好，贾铁飞，张卫国.2010. 长江下游三大沿江湖泊沉积物记录的全新世环境演变研究［J］. 上海师范大学学报（自然科学版），(4)：432-440.
石学法，陈春峰，刘焱光，等.2002. 南黄海中部沉积物粒度趋势分析及搬运作用［J］. 科学通报，47 (6)：452-456.
司马华炜，翟剑峰.2011. 长江江苏段深水航道综合经济效益分析研究［J］. 中国港口，(1)：42-43.
孙仲明.1983. 历史时期长江中下游河道变迁模式［J］. 科学通报，28 (12)：746-749.
覃建雄，徐国盛，曾允孚.1995. 现代沉积学理论重大进展综述［J］. 地质科技情报，(3)：23-32.
田成静，欧阳婷萍，朱照宇，等.2013. 海南岛周边海域表层沉积物磁化率空间分布特征及其物源指示意义［J］. 热带地理，33 (6)：666-673.
田明中，程捷.2009. 第四纪地质学与地貌学［M］. 北京：地质出版社.
万国江，林文祝，黄荣贵，等.1990. 红枫湖沉积物^{137}Cs 垂直剖面的计年特征及侵蚀示踪［J］. 科学通报，(19)：1487-1490.
汪卫国，戴霜，陈莉莉，等.2014. 白令海和西北冰洋表层沉积物磁化率特征初步研究［J］. 海洋学报（中文版），36 (9)：121-131.
王贵，张丽洁.2002. 海湾河口沉积物重金属分布特征及形态研究［J］. 海洋地质动态，18 (12)：1-5.
王爱军，高抒，贾建军.2006. 互花米草对江苏潮滩沉积和地貌演化的影响［J］. 海洋学报，28 (1)：92-99.
王辉，郑祥民，王晓勇，等.2008. 长江中下游干流河底沉积物环境磁性特征［J］. 第四纪研究，8 (4)：640-648.

王建，刘泽纯，姜文英，等. 1996. 磁化率与粒度、矿物的关系及其古环境意义 [J]. 地理学报，51 (2)：155-163.

王建，刘平，高正荣，等. 2007. 长江干流江苏段44 年来河道冲淤变化的时空特征 [J]. 地理学报，62 (11)：1185-1193.

王金土. 1990. 黄海表层沉积物稀土元素地球化学 [J]. 地球化学，1：44-53.

王军，高红山，潘保田，等. 2010. 早全新世沙沟河古洪水沉积及其对气候变化的响应 [J]. 地理科学，30 (6)：943-949.

王丽霞，汪卫国，李心清，等. 2005. 中国北方干旱半干旱区表土的有机质碳同位素、磁化率与年降水量的关系 [J]. 干旱区地理，28 (3)：311-315.

王敏杰，郑洪波，谢昕，等. 2010. 长江流域600 年来古洪水：水下三角洲沉积与历史记录对比 [J]. 科学通报，(34)：3320-3327.

王夏青，黄春长，庞奖励，等. 2011. 北洛河宜君段全新世古洪水滞流沉积层研究 [J]. 海洋地质与第四纪地质，31 (6)：137-146.

王晓勇，鹿化煜，李珍，等. 2003. 青藏高原东北部黄土堆积的岩石磁学性质及其古气候意义 [J]. 科学通报，48 (15)：1693-1699.

王心源，吴立，张广胜，等. 2008. 安徽巢湖全新世湖泊沉积物磁化率与粒度组合的变化特征及其环境意义 [J]. 地理科学，28 (4)：548-553.

王昕，石学法，刘升发，等. 2012. 近百年来长江口外泥质区高分辨率的沉积记录及影响因素探讨 [J]. 沉积学报，30 (1)：148-157.

王亚平，王岚，许春雪，等. 2012. pH 对长江下游沉积物中重金属元素 Cd、Pb 释放行为的影响. 地质通报，31 (4)：594-600.

王媛，李冬田. 2008. 长江中下游崩岸分布规律及窝崩的平面旋涡形成机制 [J]. 岩土力学，29 (4)：919-924.

旺罗，刘东生，吕厚远. 2000. 污染土壤的磁化率特征 [J]. 科学通报，45 (10)：1091-1094.

吴敬禄，李世杰，王苏民，等. 2000. 若尔盖盆地兴错湖沉积记录揭示的近代气候与环境 [J]. 湖泊科学，12 (4)：291-296.

吴明清. 1991. 冲绳海槽沉积物稀土和微量元素的某些地球化学特征 [J]. 海洋学报（中文版），13 (1)：75-81.

吴瑞金. 1993. 湖泊沉积物的磁化率、领率磁化率及其古气候意义 [J]. 湖泊科学，5 (2)：128-135.

吴文浩. 1990. 长江下游河床形态初步分析 [J]. 泥沙研究，(3)：65-72.

吴旭东，沈吉. 2012. 广东湖光岩玛珥湖沉积物漫反射光谱数据反映的全新世以来古环境演化 [J]. 湖泊科学，24 (6)：943-951.

吴月英，彭立功. 2005. 长江入海悬移质泥沙粒度与流量、含沙量的关系 [J]. 泥沙研究，(1)：26-32.

夏正楷，王赞红，赵青春．2003a．我国中原地区 3500 aBP 前后的异常洪水事件及其气候背景［J］．中国科学（D辑：地球科学），（9）：881-888.
夏正楷，杨晓燕，叶茂林．2003b．青海喇家遗址史前灾难事件［J］．科学通报，48（11）：1200-1204.
鲜本忠，姜在兴．2005．环境沉积学的兴起［J］．沉积学报，23（4）：133-138.
项亮，吴瑞金，吉磊．1996a．^{137}Cs 和^{241}Am 在滇池、剑湖沉积物孔柱中的蓄积分布及时标意义［J］．湖泊科学，8（1）：27-34.
项亮，王苏民，薛滨．1996b．切尔诺贝利核泄露^{137}Cs 在苏皖地区湖泊沉积物中的蓄积及其时标意义［J］．海洋与湖沼，27（2）：132-137.
谢学锦．2003．全球地球化学填图［J］．中国地质，30（1）：1-9.
谢学锦，周国华．2002．多目标地球化学填图及多层次环境地球化学监控网络——基本概念与方法［J］．地质通报，21（12）：809-816.
谢又予．2000．沉积地貌分析［M］．北京：海洋出版社．
谢悦波，杨达源．1998．古洪水平流沉积基本特征［J］．河海大学学报（自然科学版），26（6）：5-10.
谢悦波，王井泉，李里．1998．2360 aBP 古洪水对小浪底设计洪水的作用［J］．水文，（6）：19-24.
谢悦波，张素亭，毕东生．1999．古洪水行洪断面面积的估算［J］．河海大学学报（自然科学版），（5）：8-11.
徐晓君，杨世纶，张珍．2010．三峡水库蓄水以来长江中下游干流河床沉积物粒度变化的初步研究［J］．地理科学，30（1）：103-107.
徐馨，何才华，沈志达，等．1992．第四纪环境研究方法［M］．贵阳：贵州科技出版社．
羊向东，王苏民，沈吉，等．2001．近 0.3ka 来龙感湖流域人类活动的湖泊环境响应［J］．中国科学（D辑：地球科学），31（12）：1031-1038.
杨达源．1983．长江下游晚更新世以来河道变迁的类型与机制［J］．南京大学学报，（2）：341-350.
杨达源．1989．近五千年来长江中下游干流的演变［J］．南京大学学报，25（3）：167-173.
杨达源，严庠生．1990．全新世海面变化与长江下游近河口段的沉积作用［J］．海洋科学，1（9）：13.
杨达源，谢悦波．1997．古洪水平流沉积［J］．沉积学报，15（3）：29-32.
杨芳丽，陈飞，付中敏，等．2011．长江“南京-南通”河段演变及碍航特性分析［J］．人民长江，42（21）：15-18.
杨景春，李有利．2005．地貌学原理［M］．北京：北京大学出版社：21-22.
杨世纶，徐海根．1994．长江口长兴、横沙岛潮滩沉积特征及其影响机制［J］．地理学报，49（5）：449-456.

杨守业，李从先.1999. 长江与黄河沉积物元素组成及地质背景［J］. 海洋地质与第四纪地质，19（2）：21-28.
杨晓强，李华梅.1999. 泥河湾盆地典型剖面沉积物磁组构特征及其意义［J］. 海洋地质与第四纪地质，19（1）：75-84.
杨晓燕，夏正楷，崔之久.2005. 黄河上游全新世特大洪水及其沉积特征［J］. 第四纪研究，25（1）：80-85.
姚书春，李世杰，薛滨，等.2005. 南太湖沉积岩心中金属和营养元素的垂向分布特征及其意义［J］. 生态环境，14（2）：178-181.
姚允龙.2008. 长江下游干流南京至镇江河段水面比降分析［J］. 水文，28（2）：78-79.
姚政权，刘焱光，王昆山，等.2010. 日本海末次冰期千年尺度古环境变化的地球化学记录［J］. 矿物岩石地球化学通报，29（2）：119-126.
殷勇，方念乔，王倩.2002. 云南中甸纳帕海湖泊沉积物的磁化率及环境意义［J］. 地理科学，22（4）：413-419.
俞劲炎，詹硕仁，吴劳生，等.1986. 亚热带和热带土壤的磁化率［J］. 土壤学报，23（1）：50-56.
俞立中.1999. 环境磁学在城市污染研究中的应用［J］. 上海环境科学，18（4）：175-178.
俞立中，张卫国.1993. 利用磁信息研究潮滩重金属污染的探讨［J］. 环境科学进展，1（5）：37-43.
余涛，杨忠芳，岑静，等.2008. 磁化率对土壤重金属污染的指示性研究——以沈阳新城子区为例［J］. 现代地质，22（6）：1034-1040.
袁胜元，赵新军，李长安.2006. 古洪水事件的判别标志［J］. 地质科技情报，25（4）：55-58.
袁胜元，李长安，张玉芬，等.2011. 江汉平原肖寺剖面粒度和磁化率特征及其环境意义［J］. 海洋湖沼通报，（4）：169-176.
臧小平，郭利平，陈宏章，等.1992. 长江干流水底沉积物中十二种金属元素的背景值及污染状况的初步探讨［J］. 中国环境监测，8（4）：18-20.
詹道江，谢悦波.1997. 洪水计算的新进展-古洪水研究［J］. 水文，（1）：1-6.
詹道江，谢悦波.2001. 古洪水研究［M］. 北京：中国水利水电出版社：1-83.
张朝生.1998. 长江与黄河沉积物金属元素地球化学特征及其比较［J］. 地理学报，53（4）：314-322.
张朝生，王立军，章申.1995. 长江中下游沉积物和悬浮物中金属元素形态特征［J］. 中国环境科学，15（5）：342-347.
张虎才.1997. 元素表生地球化学特征及理论基础［M］. 甘肃：兰州大学出版社.
张辉，马东升.1997. 长江（南京河段）现代沉积物中重金属的分布特征及其形态研究［J］. 环境化学，16（5）：429-434.

张经.1996. 盆地的风化作用对河流化学成分的控制［A］//张经. 中国主要河口的生物地球化学研究［M］. 北京：海洋出版社：1-16.

张俊辉，杨太保，李永国，等.2010. 柴达木盆地察尔汗盐湖 CH0310 钻孔沉积物磁化率及其影响因素分析［J］. 沉积学报，28（4）：790-797.

张立成，董文江，郑建勋，等.1983. 湘江河流沉积物重金属的形态类型及其形成因素［J］. 地理学报，38（1）：55-63.

张立成，佘中盛，章申.1996. 长江水系水环境化学元素系列专著（2）：水环境化学元素研究. 北京：中国环境科学出版社：248，251.

张强，姜彤，施雅风，等.2003. 6000 a B. P. 以来长江下游地区古洪水与气候变化关系初步研究［J］. 冰川冻土，25（4）：368-374.

张瑞，汪亚平，高建华，等.2008. 长江口泥质区垂向沉积结构及其环境指示意义［J］. 海洋学报，30（2）：80-91.

张树夫，肖家仪，俞立中，等.1991. 沉积物矿物磁性测量在古环境研究中的应用［J］. 地理科学，11（2）：182-193.

张卫国.2000. 长江口南岸边滩沉积物重金属污染记录的磁诊断方法［J］. 海洋与湖沼，31（6）：616-623.

张卫国，俞立中.2002. 长江口潮滩沉积物的磁学性质及其与粒度的关系［J］. 中国科学（D 辑：地球科学），32（9）：783-792.

张幸农，蒋传丰，陈长英，等.2008. 江河崩岸的类型与特征［J］. 水利水电科技进展，28（5）：66-70.

张心昱，Walling D E，王秋兵，等.2005. 英国 Culm 河河漫滩沉积物中磷素时空变化研究［J］. 土壤学报，42（3）：390-396.

张信宝，李力龙，王成华，等.1989. 黄土高原小流域砂来源的 ^{137}Cs 研究［J］. 科学通报，34（3）：210-213.

张燕，彭补拙，陈捷，等.2005. ^{137}Cs 估算滇池沉积量［J］. 地理学报，60（1）：71-78.

张益民.2003. 长江镇江河段岸线资源开发利用情况的调查与思考［J］. 江苏水利，（10）：21-23.

张玉芬，李长安，陈亮，等.2009. 基于磁组构特征的江汉平原全新世古洪水事件［J］. 地球科学：中国地质大学学报，（6）：985-992.

张增发，杭建国，窦臻.2011. 长江镇扬河段世业洲汊道近期演变与整治对策［J］. 中国水利，（4）：32-34.

张振克，吴瑞金.2000. 云南洱海流域人类活动的湖泊沉积记录分析［J］. 地理学报，55（1）：66-74.

张振克，吴瑞金，王苏民.1998. 岱海湖泊沉积物频率磁化率对历史时期环境变化的反映［J］. 地理研究，17（3）：74-79.

张振克，田海涛，何华春，等 . 2006. 南京灵岩山中新世风尘沉积的粒度证据与环境意义［J］. 海洋地质与第四纪地质，26（6）：111-116.

张振克，何华春，李书恒，等 . 2007. 中国东部中新世风尘沉积的发现及其研究意义［J］. 沉积学报，25（1）：116-123.

章志强，李涛章 . 2010. 浅谈长江南京河段岸线治理与沿江经济发展［J］. 江苏水利，（1）：15-16.

赵传冬，陈富荣，陈兴仁，等 . 2008. 长江流域沿江镉异常源追踪与定量评估的方法技术研究：以长江流域安徽段为例［J］. 地学前缘，15（5）：179-193.

赵景波，王长燕 . 2009. 兰州黄河高漫滩沉积与洪水变化研究［J］. 地理科学，（3）：409-414.

赵景波，蔡晓薇，王长燕，等 . 2006. 西安高陵近代河漫滩沉积与洪水变化［J］. 中国沙漠，26（6）：885-889.

赵景波，郁耀闯，周旗 . 2009. 渭河渭南段高漫滩沉积记录的洪水研究［J］. 地质论评，（2）：231-241.

赵一阳，鄢明才 . 1993. 中国浅海沉积物化学元素丰度［J］. 中国科学（B 辑：化学 生命科学 地学），（10）：1084-1090.

郑秀娟，于兴河，李胜利 . 2003. 环境沉积学及其发展趋势［J］. 海洋地质动态，19（10）：8-11.

中国科学院地学部地球科学发展战略研究组 . 2009. 21 世纪中国地球科学发展战略报告［M］. 北京：科学出版社 .

钟钢，陈雯 . 1997. 从世界大河流域开发实践构想长江开发模式［J］. 长江流域资源与环境，6（2）：122-126.

仲琳，臧英平，钱海峰，等 . 2011. 河道崩岸治理方法及典型实例分析［J］. 中国水利，（16）：31-33.

周东泉 . 2007. 江苏长江干流岸线利用与河道整治［J］. 人民长江，38（6）：47-49.

周斌，郑洪波，杨文光，等 . 2008. 末次冰期以来南海北部物源及古环境变化的有机地球化学记录［J］. 第四纪研究，28（3）：407-413.

周蒂 . 1999. 利用沉积物粒度数据反演沉积水动力参数［J］. 地质科学，34（1）：49-58.

周锐，李珍，宋兵，等 . 2013. 长江三角洲平原湖沼沉积物 XRF 岩心扫描结果的可靠性分析［J］. 第四纪研究，33（4）：697-704.

周晓红，赵景波 . 2007. 近 120 年来高陵渭河河漫滩沉积物磁化率指示的气候变化［J］. 水土保持学报，21（3）：196-200.

朱伯万，潘永敏，陆彦 . 2010. 长江南京河段沉积物元素特征及地球化学意义［J］. 地质学刊，34（2）：168-174.

朱诚，宋健，尤坤元，等 . 1996. 上海马桥遗址文化断层成因研究［J］. 科学通报，41（2）：148-152.

朱诚，郑朝贵，马春梅，等.2005. 长江三峡库区中坝遗址地层古洪水沉积判别研究［J］. 科学通报，50（20）：2240-2250.

朱诚，马春梅，王慧麟，等.2008. 长江三峡库区玉溪遗址T0403探方古洪水沉积特征研究［J］. 科学通报，53（S1）：1-16.

朱立，蔡鹤生.1995. 长江中下游近期河道演变及其主要影响因素［J］. 地球科学，20（4）：427-432.

朱青青，王中良.2012. 中国主要水系沉积物中重金属分布特征及来源分析［J］. 地球与环境，40（3）：305-313.

An Z S，Kukla G T，Porter S C，et al. 1991. Magnetic susceptibillty Evidence of Monson variation on the Loess Plateau of Central China during the last 130000years［J］. Quaternary Resacrh，36：29-36.

An Z S，Kutzbach J E，Prell W E，et al. 2001. Evolution of Asian monsoon and phased uplift of the Himalayan-Tibetan plateau since late Miocene times［J］. Nature，411：62-66.

Anderson K C，Neff T. 2011. The influence of paleof loods on archaeological settlement patterns during A. D. 1050-1170 along the Colorado River in the Grand Canyon，Arizona，USA［J］. Catena，85：168-186.

Appleby P G，Richardsen N，Nolan P J et al. 1990. Radiometric dating of the Unites Kingdon SWAP sites［J］. Philosophy Royal Society of London，327：233-238.

Baker V R. 2008. Paleoflood hydrology Origin，progress，prospects［J］. Geomorphology，101（1）：1-13.

Baker V R，Webb R H，House P K. 2002. The scientific and societal value of paleoflood hydrology［J］. Ancient Floods，Modern Hazards，2002：1-19.

Beckwith P R，Ellis J B，Revitt D M，et al. 1986. Heavy metal and magnetic relationships for urban source sediments［J］. Physics of the Earth and Planetary Interiors，42（1）：67-75.

Benedetti M M. 2003. Controls on overbank deposition in the Upper Mississippi River［J］. Geomorphology，56（3）：271-290.

Benito G，Sánchez-Moya Y，Sopeña A. 2003a. Sedimentology of high-stage flood deposits of the Tagus River，Central Spain［J］. Sedimentary Geology，157（1）：107-132.

Benito G，Sopena A，Sánchez-Moya Y，et al. 2003b. Palaeoflood record of the Tagus River（central Spain）during the Late Pleistocene and Holocene［J］. Quaternary Science Reviews，22（15）：1737-1756.

Benito G，Lang M，Barriendos M，et al. 2004. Use of systematic，palaeoflood and historical data for the improvement of flood risk estimation. Review of scientific methods［J］. Natural Hazards，31（3）：623-643.

Benito G，Thorndycraft V R，Rico M，et al. 2008. Palaeoflood and floodplain records from Spain evidence for long-term climate variability and environmental changes [J]. Geomorphology, 101 (1): 68-77.

Blott S J, Pye K. 2001. GRADISTAT: a grain size distribution and statistics package for the analysis of unconsolidated sediments [J]. Earth surface processes and Landforms, 26 (11): 1237-1248.

Bølviken B, Bogen J, Jartun M, et al. 2004. Overbank sediments: a natural bed blending sampling medium for large- scale geochemical mapping [J]. Chemometrics and Iintelligent Laboratory Systems, 74: 183-199.

Brakenridge G R. 1992. Geology and global change. Geotimes, (5): 45-60.

Cambray R S, Playford K, Carpenter R C. 1989. Radioactive fallout in air and rain: results to the end of 1988 [C]. UK Atomic Energy Authority report. AERE-R 13575, HMSO, London.

Cao G J, Wang J, Wang L J, et al. 2010. Characteristics and runoff volume of the Yangtze River paleo-valley at Nanjing reach in the Last Glacial Maximum [J]. Journal of Geography Science, (20) 3: 431-440.

Chan L S, Ng S L, Davis A M, et al. 2001. Magnetic properties and heavy- metal contents of contaminated seabed sediments of Penny's Bay, Hong Kong [J]. Marine Pollution Bulletin, 42 (7): 569-583.

Chen J S, Wang F Y, Xia X H. 2002. Major element chemistry of Changjiang (Yangtze River) [J]. Chemical Geology, 187 (3/4): 231-255.

Chen J, Chen Y, Liu L, et al. 2006. Zr/Rb ratio in Chinese loess sequences and its implications for changes in the East Asian winter monsoon strength [J]. Geochimica et Cosmochimica Acta, 70: 1471-1482.

Chen J, Wang Z, Chen Z, et al. 2009. Diagnostic heavy minerals in Plio-Pleistocene sediments of the Yangtze Coast, China with special reference to the Yangtze River connection into the sea [J]. Geomorphology, 113 (3): 129-136.

Chen X, Yan Y, Fu R, et al. 2008. Sediment transport from the Yangtze River, China, into the sea over the post-Three Gorges Dam period: a discussion [J]. Quaternary International, 186 (1): 55-64.

Chen X Q, Zhang E F, Mu H Q, et al. 2005. A preliminary analysis of human impacts on sediment discharges from the Yangtze, China, into the sea [J]. Journal of Coastal Research, 515-521.

Chen Z, Gupta A, Yin H F. 2007. Large Monsoon Rivers of Asia [J]. Geomorphology (Special Issue), 85 (3-4): 316.

Chen Z, Li J F, Shen H T. 2001a. Yangtze River, China, historical analysis of discharge variability and sediment flux [J]. Geomorphology, 41 (2-3): 77-91.

Chen Z, Yu L Z, Gupta A. 2001b. YangtzeRiver, China: Introduction [J]. Geomorphology (Special Issue), 41 (2-3): 248.

Chen Z Y, Saito Y, Kanai Y, et al. 2004. Low concentration of heavy metals in the Yangtze estuarine sediments, China: a diluting setting [J]. Estuarine, Coastal and Shelf Science, 60 (1): 91-100.

Ciszewski D. 2003. Heavy metals in vertical profiles of the middle Odra River overbank sediments: evidence for pollution changes [J]. Water, Air, and Soil Pollution, 143 (1-4): 81-98.

Cui J X, Zhou S Z, Chang H. 2009. The Holocene warm-humid phases in the North China Plain as recorded by multi-proxy records [J]. Chinese Journal of Oceanology and Limnology, 27 (1): 147-161.

Dai S B, Lu X X. 2010. Sediment deposition and erosion during the extreme flood events in the middle and lower reaches of the Yangtze River [J]. Quaternary International, 226 (1): 4-11.

Dai S B, Lu X X, Yang S L, et al. 2008. A preliminary estimate of human and natural contributions to the decline in sediment flux from the Yangtze River to the East China Sea [J]. Quaternary International, 186 (1): 43-54.

Dawson E J, Macklin M G. 1998. Speciation of heavy metals in floodplain and flood sediments: a reconnaissance survey of the Aire Valley, West Yorkshire, Great Britain [J]. Environmental Geochemistry and Health, 20 (2): 67-76.

Dearing J A, Flower R J. 1982. The magnetic susceptibility of sedimenting material trapped in Lough Neagh, Northern Ireland, and its erosional significance [J]. Limnology and Oceanography, 27 (5): 969-975.

Dekkers M J. 1997. Environmental magnetism: an introduction [J]. Geologie En Mijnbouw, 76 (1-2): 163-182.

DeLaune R D, Patrick W H, Buresh R J. 1978. Sedimentation rates determined by 137Cs dating in a rapidly accreting salt marsh [J]. Nature, 275 (5680): 532-533.

Din Z B. 1992. Use of aluminium to normalize heavy-metal data from estuarine and coastal sediments of Straits of Melaka [J]. Marine Pollution Bulletin, 24 (10): 484-491.

Ding T P, Gao J F, Tian S H, et al. 2011. Silicon isotopic composition of dissolved silicon and suspended particulate matter in the Yellow River, China, with implications for the global silicon cycle [J]. Geochimica et Cosmochimica Acta, 75 (21): 6672-6689.

Ding T, Wan D, Wang C, et al. 2004. Silicon isotope compositions of dissolved silicon and suspended matter in the Yangtze River, China [J]. Pergamon, 68 (2): 205-216.

Edén P, Björklund A. 1994. Ultra-low density sampling of overbank sediment in Fennoscandia [J]. Journal of Geochemical Exploration, 51 (3): 265-289.

Ferrand E, Eyrolle F, Radakovitch O, et al. 2012. Historical levels of heavy metals and artificial radionuclides reconstructed from overbank sediment records in lower Rhône River (South-East France) [J]. Geochimica et Cosmochimica Acta, 82: 163-182.

Fralick P W, Kronberg B I. 1997. Geochemical discrimination of clastic sedimentary rock sources [J]. Sediment Geology, 113 (1): 111-124.

Gao S, Collins M. 1992. Net sediment transport patterns inferred from grain size trends, based upon definition of transport vectors [J]. Sedimentary Geology, 81: 47-60.

Gao S, Wang Y P. 2008. Changes in material fluxes from the Changjiang River and their implications on the adjoining continental shelf ecosystem [J]. Continental Shelf Research, 28 (12): 1490-1500.

Gemmer M, Jiang T, Su B D, et al. 2008. Seasonal precipitation changes in the wet season and their influence on flood/drought hazards in the Yangtze River Basin, China [J]. Quaternary International, 186 (1): 12-21.

Gomez B, Mertes L A, Phillips J D, et al. 1995. Sediment characteristics of an extreme flood: 1993 upper Mississippi River valley [J]. Geology, 23 (11): 963-966.

Georgeaud V M, Rochette P, Ambrosi J P, et al. 1997. Relationship between heavy metals and magnetic properties in a large polluted catchment: the Etang de Berre (South of France) [J]. Physics and Chemistry of the Earth, 22 (1): 211-214.

Gong S Y, Chen G J. 1997. Evolution of Quaternary rivers and lakes in the middle reach of the Yangtze River and its effect on environment [J]. Earth Science—Journal of China University of Geosciences, 22 (2): 199-203.

Grosbois C, Meybeck M, Horowitz A, et al. 2006. The spatial and temporal trends of Cd, Cu, Hg, Pb and Zn in Seine River floodplain deposits (1994-2000)[J]. Science of the Total Environment, 356 (1): 22-37.

Hakanson L. 1980. An ecological risk index for aquatic pollution control: a sedimentological approach [J]. Water Research, 14 (8): 975-1001.

Hao Y, Guo Z, Yang Z, et al. 2008. Tracking historical lead pollution in the coastal area adjacent to the Yangtze River Estuary using lead isotopic compositions [J]. Environmental Pollution, 156 (3): 1325-1331.

He Q, Walling D E. 1997. Use of fallout Pb-210 measurements to investigate longer-term rates and patterns of overbank sediment deposition on the floodplains of lowland rivers [J]. Earth Surface Processes and Landforms, 21: 141-154.

Herut B, Hornung H, Krom M D, et al. 1993. Trace metals in shallow sediments from the Mediterranean coastal region of Israel [J]. Marine Pollution Bulletin, 26 (12): 675-682.

Horowitz A J, Elrick K. 1987. A The relation of stream sediment surface area, grain size and composition to trace element chemistry [J]. Applied Geochemistry, 2: 437-451.

Huang C, Pang J, Zha X, et al. 2011. Extraordinary floods related to the climatic event at 4200 a BP on the Qishuihe River, middle reaches of the Yellow River, China [J]. Quaternary Science

Reviews, 30 (3): 460-468.

Humphries M S, Kindness A, Ellery W N, et al. 2010. ^{137}Cs and ^{210}Pb derived sediment accumulation rates and their role in the long-term development of the Mkuze River floodplain, South Africa [J]. Geomorphology, 119 (1): 88-96.

Jean-François B. 2011. Hydrological and post-depositional impacts on the distribution of Holocene archaeological sites: The case of the Holocene middle Rhône River basin, France [J]. Geomorphology, 129 (3): 167-182.

Jha S K, Chavan S B, Pandit G G, et al. 2003. Geochronology of Pb and Hg pollution in a coastal marine environment using global fallout ^{137}Cs [J]. Journal of Environmental Radioactivity, 69: 145-157.

Jiang T, Kundzewicz Z W, Su B D. 2008. Changes in monthly precipitation and flood hazard in the Yangtze River Basin, China [J]. International Journal of Climatology, 28 (11): 1471-1481.

Jones A F, Macklin M G, Brewer P A. 2012. A geochemical record of flooding on the upper River Severn, UK, during the last 3750 years [J]. Geomorphology, 179: 89-105.

Jones A P, Shimazu H, Oguchi T, et al. 2001. Late Holocene slackwater deposits on the Nakagawa River, Tochigi Prefecture, Japan [J]. Geomorphology, 39 (1): 39-51.

Kading T J, Mason R P, Leaner J J. 2009. Mercury contamination history of an estuarine floodplain reconstructed from a 210 Pb-dated sediment core (Berg River, South Africa) [J]. Marine Pollution Bulletin, 59 (4): 116-122.

Kale V S, Singhvi A K, Mishra P K, et al. 2000. Sedimentary records and luminescence chronology of Late Holocene palaeofloods in the Luni River, Thar Desert, northwest India [J]. Catena, 40 (4): 337-358.

Knox J C. 1985. Responses of floods to Holocene climatic change in the upper Mississippi Vally [J]. Queternary Research, 23: 287-300.

Knox J C. 1993. Large increases in food magnitude in response to modest changes in climate [J]. Nature, 361: 430-432.

Knox J C. 2006. Floodplain sedimentation in the Upper Mississippi Valley: Natural versus human accelerated [J]. Geomorphology, 79 (3): 286-310.

Knox J C, Daniels J M. 2002. Watered scale and the stratigraphic record of large floods [J] //House P K, Webb R H, Baker V R, et al. Ancient Floods, Modern Hazards: Principles and Applications of Paleoflood Hydrology. Water Science and Application Series, vol. 5 [M]. Washington. DC, American Geophysical Union: 237-255.

Kundzewicz Z W, Nohara D, Tong J, et al. 2009. Discharge of large Asian rivers- Observations and projections [J]. Quaternary International, 208 (1): 4-10.

Le Cloarec M F, Bonte P H, Lestel L et al. 2011. Sedimentary record of metal contamination in the

Seine River during the last century [J]. Physics and Chemistry of the Earth, Parts A/B/C, 36 (12): 515-529.

Leopold L B, Miller J P. 1954. A postglacial chronology for some alluvial valleys in Wyoming [M]. US Government Printing Office, Washington. DC: 60-75.

Li Y H, Teraokao H, Young T S, et al. 1984. The elemental composition of suspended particles from the Yellow and Yangtze Rivers [J]. Geochimicaet Cosmochimica Acta, 48: 1561-1564.

Liu J, Zhu R, Roberts A P, et al. 2004. High- resolution analysis of early diagenetic effects on magnetic minerals in post-middle-Holocene continental shelf sediments from the Korea Strait [J]. Journal of Geophysical Research: Solid Earth, 109 (B3) .

Łokas E, Wachniew P, Ciszewski D, et al. 2010. Simultaneous use of trace metals, ^{210}Pb and ^{137}Cs in floodplain sediments of a lowland river as indicators of anthropogenic impacts [J]. Water, Air, and Soil Pollution, 207 (1-4): 57-71.

Lu H, Yang X, Ye M, et al. 2005. Culinary archaeology: Millet noodles in late Neolithic China [J]. Nature, 437 (7061): 967-968.

MacDonald D D, Carr S R, Calder F D, et al. 1996. Development and evaluation of sediment quality guidelines for Florida coastal waters [J]. Ecotoxicology, (5): 253-278.

Maher B A. 1988. Magnetic properties of some synthetic sub- micron magnetites [J]. Geophysical Journal, 94: 83-96.

Maher B A, Thompson R. 1991. Mineral magnetic record of the Chinese loess and paleosols [J]. Geology, 19 (1): 3-6.

Meybeck M, Lestel L, Bonté P, et al. 2007. Historical perspective of heavy metals contamination (Cd, Cr, Cu, Hg, Pb, Zn) in the Seine River basin (France) following a DPSIR approach (1950-2005) [J]. Science of the Total Environment, 375 (1): 204-231.

Morellón M, Valero-Garcés B, Vegas T, et al. 2009. Late glacial and Holocene palaeohydrology in the western Mediterranean region: the Lake Estanya record (NE Spain) [J]. Quaternary Science Reviews, 28 (25): 2582-2599.

Müller G. 1979. Schwermetalle in den sedimenten des Rheins-Veranderungen seit 1971 [J]. Umschau Verlag, 79 (24): 778-783.

Nádor A, Lantos M, Tóth- Markk á, et al. 2003. Milankovitch- scale multiproxy records from sediments of the last 2. 6 Ma, Pannonian Basin, Hungary [J]. Quaternary Sciences Review, 22: 2157-2175.

Navrátil T, Rohovec J, Žák K. 2008. Floodplain sediments of the 2002 catastrophic flood at the Vltava (Moldau) River and its tributaries: mineralogy, chemical composition, and post- sedimentary evolution [J]. Environmental Geology, 56 (2): 399-412.

O'Connor J E, Ely L L, Wohl E E, et al. 1994. A 4500- year record of large floods on the Colorado

River in the Grand Canyon, Arizona [J]. The Journal of Geology, 1994: 1-9.

Oldfield F. 1991. Environmental Magnetism a personal perspective [J]. Quaternary Science Reviews, 10: 73-85.

Ottesen R T, Bogen J, Bølviken B, et al. 1989. Overbank sediment: a representative sample medium for regional geochemical mapping [J]. Journal of Geochemical Exploration, 32 (1): 257-277.

Owens P N, Walling D E. 2002. Changes in sediment sources and floodplain deposition rates in the catchment of the River Tweed, Scotland, over the last 100 years: the impact of climate and land use change [J]. Earth Surface Processes and Landforms, 27 (4): 403-423.

Owens P N, Walling D E. 2003. Temporal changes in the metal and phosphorus content of suspended sediment transported by Yorkshire rivers, UK over the last 100 years, as recorded by overbank floodplain deposits [J]. Hydrobiologia, 494: 185-191.

Ozdemir O, Banerjee S K. 1982. A preliminary magnetic study of soil samples from West- central Minnesota [J]. Earth Planet Science Letter, 59: 393-403.

Parris A S, Bierman P R, Noren A J, et al. 2010. Holocene paleostorms identified by particle size signatures in lake sediments from the northeastern United States [J]. Journal of Paleolimnology, 43: 29-49.

Pease P, Lecce S, Gares P, et al. 2007. Heavy metal concentrations in sediment deposits on the Tar River floodplain following Hurricane Floyd [J]. Environmental Geology, 51 (7): 1103-1111.

Pennington W, Cambray R S, Fisher E M. 1973. Observations on lake sediments using fallout ^{137}Cs as a tracer [J]. Nature, 242: 324-326.

Provansal M, Villiet J, Eyrolle F, et al. 2010. High-resolution evaluation of recent bank accretion rate of the managed Rhone: a case study by multi- proxy approach [J]. Geomorphology, 117 (3): 287-297.

Rowan C J, Roberts A P, Broadbent T. 2009. Reductive diagenesis, magnetite dissolution, greigite growth and paleomagnetic smoothing in marine sediments: a new view [J]. Earth and Planetary Science Letters, 277: 223-235.

Schulz-Zunkel C, Krueger F. 2009. Trace metal dynamics in floodplain soils of the River Elbe: a review [J]. Journal of Environmental Quality, 38 (4): 1349-1362.

Sheffer N A, Enzel Y, Benito G, et al. 2003. Paleofloods and historical floods of the Ardèche River, France [J]. Water Resources Research, 39 (12) .

Sheffer N A, Rico M, Enzel Y, et al. 2008. The palaeoflood record of the Gardon River, France A comparison with the extreme 2002 flood event [J]. Geomorphology, 98 (1): 71-83.

Singh A K, Benerjee D K. 1999. Grain size and geochemical partitioning of heavy metalsin sediments of Damodar River—a tributary of the lower Ganga, India [J]. Environmental Geology, 39 (1): 91-98.

Su B D, Gemmer M, Jiang T. 2008. Spatial and temporal variation of extreme precipitation over the Yangtze River Basin [J]. Quaternary International, 186 (1): 22-31.

Sutherland R A. 2000. Bed sediment-associated trace metals in an urban stream, Oahu, Hawaii [J]. Environmetal Geology, 39 (6): 611-627.

Swennen R, van Keer I, de Vos W. 1994. Heavy metal contamination in overbank sediments of the Geul river (East Belgium): Its relation to former Pb-Zn mining activities [J]. Environmental Geology, 24 (1): 12-21.

Szefer P. 1990. Interelemental relationships in organisms and bottom sediments of the southern Baltic [J]. Science of the Total Environment, 95: 119-130.

Tam N F Y, Yao M W Y. 1998. Normalisation and heavy metal contamination in mangrove sediments [J]. Science of the Total Environment, 216 (1): 33-39.

Terry J P, Garimella S, Kostaschuk R A. 2002. Rates of floodplain accretion in a tropical island river systems impacted by cyclones and large floods [J]. Geomorphology, 42 (3): 171-182.

Terry J P, Lal R, Garimella S. 2008. An Examination of Vertical Accretion of Floodplain Sediments in the Labasa River Sugarcane Belt of Northern Fiji: Rates, Influences and Contributing Processes [J]. Geographical Research, 46 (4): 399-412.

Thompson R, Oldfield F. 1986. Environmental Magnetism [M]. London: George Allen and Unwin: 1-83.

Thorndycraft V R, Benito G, Rico M, et al. 2004. A Late Holocene palaeoflood record from slackwater flood deposits of the Llobregat River, NE Spain [J]. Journal of the Geological Society of India, 64: 549-559.

Thorndycraft V R, Benito G, Rico M, et al. 2005. A long-term flood discharge record derived from slackwater flood deposits of the Llobregat River, NE Spain [J]. Journal of Hydrology, 313 (1): 16-31.

Vasskog K, Nesje A, Støren E N, et al. 2011. A Holocene record of snow-avalanche and flood activity reconstructed from a lacustrine sedimentary sequence in Oldevatnet, western Norway [J]. The Holocene, 21 (4): 597-614.

Viers J, Dupré B, Gaillardet J. 2009. Chemical composition of suspended sediments in World River: New insights from a new database [J]. Scicence of the Total Environment, 407 (2): 853-868.

Vis G J, Kasse C, Kroon D, et al. 2010. Late Holocene sedimentary changes in floodplain and shelf environments of the Tagus River (Portugal) [J]. Proceedings of the Geologists Association, 121 (2): 203-217.

Walling D E, He Q. 1997. Use of fallout ^{137}Cs in investigations of overbank sediment deposition on river floodplains [J]. Catena, 29: 263-282.

Walling D E, Owens P N. 2003. The role of overbank floodplain sedimentation in catchment contaminant budgets [J]. Hydrobiologia, 494 (1-3): 83-91.

Wang M J, Zheng H B, Xie X, et al. 2011. A 600-year flood history in the Yangtze River drainage: Comparison between a subaqueous delta and historical records [J]. Chinese Science Bullet, 56 (2): 188-195.

Wang S M, Wu X H, Zhang Z K. 2002. Environmental changes recorded by the lake sediments from Sanmen Lake and Yellow River running through the gorge into the sea [J]. Science in China (Series D), 45 (7): 595-608.

Weltje G J, Tjallingii R. 2008. Calibration of XRF core scanners for quantitative geochemical logging of sediment cores: Theory and application [J]. Earth and Planetary Science Letters, 274: 423-438.

Wilhelm B, Arnaud F, Sabatier P, et al. 2013. Palaeoflood activity and climate change over the last 1400 years recorded by lake sediments in the north-west European Alps [J]. Journal of Quaternary Science, 28 (2): 189-199.

Williams T M. 1991. A sedimentary record of the deposition of heavy metals and magnetic oxides in the Loch Dee basin, Galloway, Scotland, since c. AD 1500 [J]. The Holocene, 1 (2): 142-150.

Williams T P, Bubb J M Lester J N. 1994. Metal accumulation within salt marsh environments: A review [J]. Marine Pollution Bulletin, 28 (5): 277-290.

Wolfe B B, Hall R I, Last W M et al. 2006. Reconstruction of multi-century flood histories from oxbow lake sediments, Peace- Athabasca Delta, Canada [J]. Hydrology Process, 20 (19): 4131-4153.

Xie X J, Cheng H. 1997. The suitability of floodplain sediment as a global sampling medium: evidence from China [J]. Journal of Geochemical Exploration, 58 (1): 51-62.

Xu K H, Milliman J D, Yang Z S, et al. 2007. Climatic and anthropogenic impacts on the water and sediment discharge from the Yangtze River (Changjiang), 1950-2005//Gupta A. Large rivers: geomorphology and management [J]. West Susex: John Wiley& Sons: 609-626.

Xu X, Tong L, Stohlgren T J. 2014. Tree ring based Pb and Zn contamination history reconstruction in East China: a case study of Kalopanax septemlobus [J]. Environmental Earth Sciences, 71 (1): 99-106.

Yang D Y, Yu G, Xie Y B. 2000. Sedimentary records of large Holocene floods from the middle reaches of the Yellow River, China [J]. Geomorphology, 33 (1): 73-88.

Yang S L, Li C, Jung H S, et al. 2002. Discrimination of geochemical compositions between the Changjiang and the Huanghe sediments and its application for the identification of sediment source in the Jiangsu coastal plain, China [J]. Marine Geology, 186 (3-4): 229-241.

Yang S L, Milliman J D, Li P, et al. 2011. 50, 000 dams later: Erosion of the Yangtze River and its delta [J]. Global and Planetary Change, 75 (1/2): 14-20.

Yang S L, Zhang J, Zhu J, et al. 2005. Impact of dams on Yangtze River sediment supply to the sea and delta intertidal wetland response [J]. Journal of Geophysical Research, 110: F03006.

Yang S Y, Li C X. 2000. Element composition in the sediments of the Yangtze and Yellow Rivers and their tracing implication [J]. Progress in Nature Science, 10: 612-618.

Yang Z, Wang H, Saito Y, et al. 2006. Dam impacts on the Changjiang (Yangtze) River sediment load to the sea: the past 55 years and after the Three Gorges Dam [J]. Water Resources Research, 42 (4): 1-10.

Yao S C, Xue B, Tao Y Q. 2013. Sedimentary lead pollution history: Lead isotope ratios and conservative elements at East Taihu Lake, Yangtze Delta, China. Quatern Int, 304: 5-12.

Yu L Z, Odlfield F, shu W Y, et al. 1990. paleoenvironmental implications of magnetic measurements on sediment core from Kuniming Basin Southwest China [J]. Journal of Paleoliminology, 3 (2): 95-111.

Yun S H, Kannan K. 2011. Distribution of mono- through hexa- chlorobenzenes in floodplain soils and sediments of the Tittabawassee and Saginaw Rivers, Michigan [J]. Environmental Science and Pollution Research, 18 (6): 897-907.

Zerling L, Hanisch C, Junge F W. 2006. Heavy metal inflow into the floodplains at the mouth of the river Weisse Elster (Central Germany) [J]. CLEAN-Soil, Air, Water, 34 (3): 234-244.

Zhang J. 1999. Heavy metal compositions of suspended sediments in the Changjiang (Yangtze River) estuary: Significance of riverine transport to the ocean [J]. Continental Shelf Research, 19 (12): 1521-1543.

Zhang Y, Huang C C, Pang J, et al. 2013. Holocene paleofloods related to climatic events in the upper reaches of the Hanjiang River valley, middle Yangtze River basin, China [J]. Geomorphology, 195: 1-12.

Zhao Y L, Liu Z F, Colin C, et al. 2011. Turbidite deposition in the southern South China Sea during the last glacial: Evidence from grain-size and major elements records [J]. Chinese Science Bullet, 56: 3558-3565.

Zhao Y Y, Yan M C. 1992. Aboundance of chemical elements in sediments from the Huanghe River, the Changjiang River and the continental shelf of China [J]. Chinese Science Bulletin, 37 (23): 1991-1994.

Zheng H B, Clift P D, Wang P, et al. 2013. Pre- Miocene birth of the Yangtze River [J]. Proceedings of the National Academy of Sciences, 110 (19): 7556-7561.